科学认识
保健食品

北京协和医院营养科
李宁　陈伟　主编

中国医药科技出版社

内容提要

目前，用保健食品（保健）养生已成为新趋势。保健食品虽不是药品，但可以通过补充营养、调节机体功能，发挥其特定的保健功效，有助于保持身体健康。因此，科学认识保健食品显得尤为重要。

本书通过认识保健食品、各类人群的保健食品清单，解答了大家对保健食品的众多疑问，并针对生活习惯病、日常健康困扰给出了保健营养对策。同时，保健营养物质档案和常用保健食品名单可以让读者认识保健食品的具体成分所起作用、如何选用适合自己的保健食品。本书适合广大“志在”养生保健的读者阅读参考。

图书在版编目（CIP）数据

科学认识保健食品 / 李宁，陈伟主编 . — 北京：中国医药科技出版社，2018.7

ISBN 978-7-5214-0189-9

Ⅰ . ①科… Ⅱ . ①李… ②陈… Ⅲ . ①疗效食品—基本知识 Ⅳ . ① TS218

中国版本图书馆 CIP 数据核字（2018）第 074402 号

美术编辑 陈君杞
版式设计 锋尚设计

出版 中国医药科技出版社
地址 北京市海淀区文慧园北路甲 22 号
邮编 100082
电话 发行：010-62227427 邮购：010-62236938
网址 www.cmstp.com
规格 710×1000mm 1/16
印张 11
字数 132 千字
版次 2018 年 7 月第 1 版
印次 2018 年 7 月第 1 次印刷
印刷 北京顶佳世纪印刷有限公司
经销 全国各地新华书店
书号 ISBN 978-7-5214-0189-9
定价 39.00 元

PREFACE 前言

随着现代社会竞争的加剧，生活节奏的加快，人们的饮食充斥着越来越多的快餐食品、外卖食品和即食食品，例如，很多人经常不吃早餐，中午随便吃个汉堡或饼干，晚上又大鱼、大肉，啤酒加美食，夜宵再吃个烤肉串或汉堡等，完全不注意均衡营养。这种不良饮食习惯使人们的膳食结构也产生了很大变化，经常热量过剩，但机体所需要的营养元素不能完全从日常饮食中获得。因此，越来越多的人想通过吃保健食品来补充摄入不足的营养物质，改善机体的不良健康状态，增强免疫力。但是面对市面上种类繁多的保健食品，怎样才能选择适合自己的？怎么吃才能达到保健营养的效果呢?

国家对保健食品安全工作十分重视，2016 年 10 月 1 日开始实施的《中华人民共和国食品安全法》中对 27 种具有保健功效的保健食品产品注册与备案管理提出了新的模式和要求。为进一步落实行政审批制度改革精神，规范和加强保健食品注册备案管理工作，2016 年 2 月 26 日，原国家食品药品监督管理总局发布了《保健食品注册与备案管理办法》，对保健食品进行更加细化的管理。

生活节奏的逐渐加快以及人们对自身健康越来越注重，保健食品的应用越来越广泛。保健食品将成为未来我国最重要的食品类消费品之一。因此，科学认识保健食品显得尤为重要。保健食品中含有一定量的功效成分，能调节人体的功能，具有特定的保健功效。但值得注意的是，保健食品首先是“食品”，与药品不同，它并不是为了治疗身体的疾病或消除身体的病症而“存在”的，因此当身体患病时，建议在专业医生的指导下进行治疗调理。

本书首先通过认识保健食品、各类人群的保健食品清单，解答了大家对保健食品的众多疑问，指导大家科学认识保健食品。其次，针对肥胖病、脂肪肝、糖尿病等生活习惯病，以及办公室综合征、空调综合征、胃痛等日常健康困扰状态，本书给出了保健营养对策。最后，保健营养物质档案和常用保健食品名单可以让读者认识保健食品的具体成分所起作用、如何选用适合自己的保健食品，如保健食品宣传中经常会见到的大豆异黄酮、软骨素、DHA、EPA 等看似很深奥的保健成分都具有哪些功效、怎样摄取更有效以及注意事项等。希望通过本书的介绍，大家可以更科学地认识保健食品，更理性地进行保健食品消费，更安全地选用保健食品。

编者

2018 年 2 月

CONTENTS 目录

Part

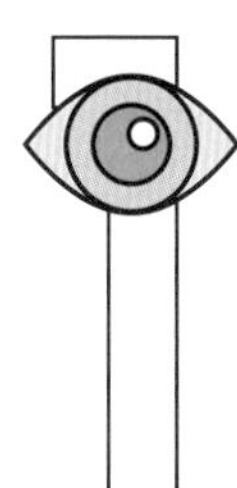

认识保健食品

Part

各类人群的保健食品清单

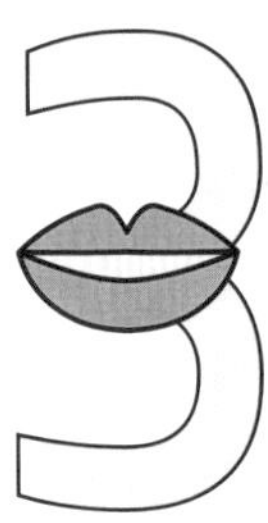

Part 3 预防生活习惯病 保健食品这样吃

Part 4 改善日常健康困扰状态的营养保健攻略

Part 5 保健营养物质档案

Part 6 保健功能食品总动员

Part

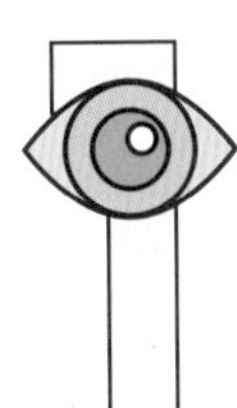

认识保健食品

什么是“保健食品”

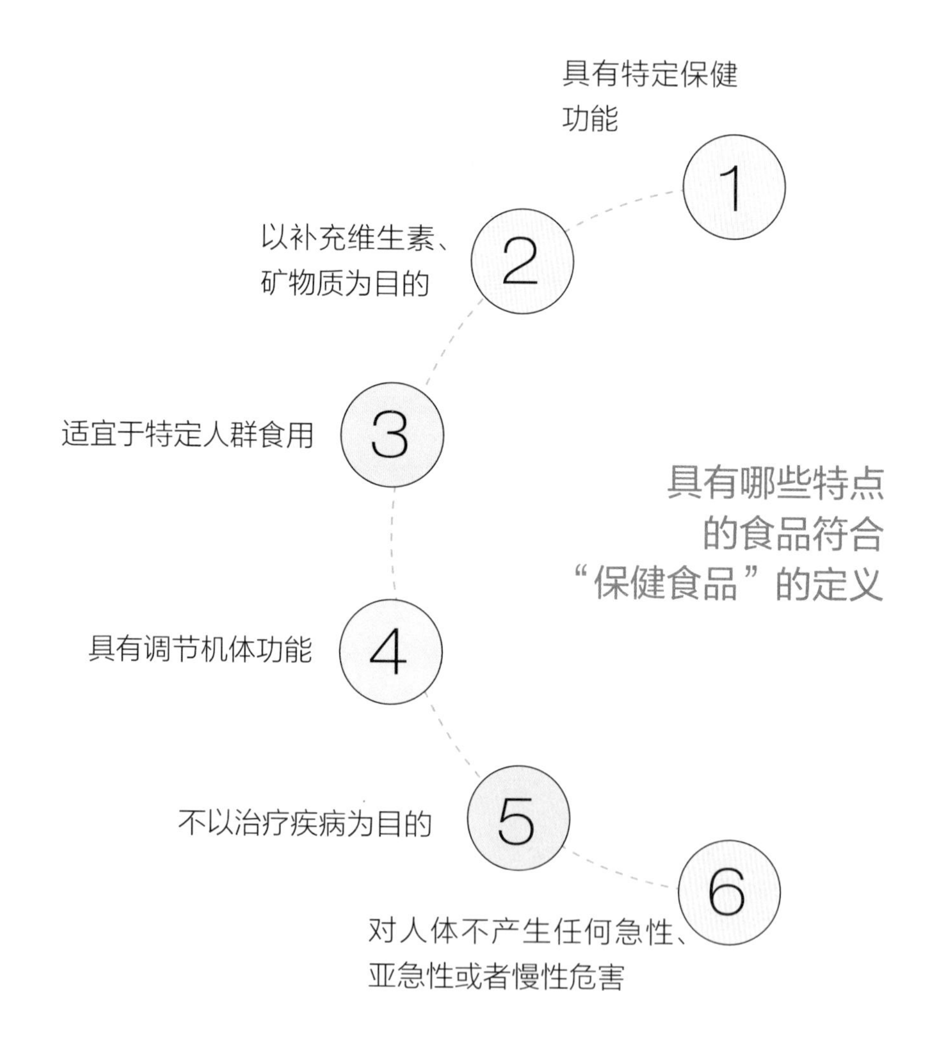
具有特定保健
功能
1
以补充维生素、
矿物质为目的
2
适宜于特定人群食用
3
具有哪些特点
的食品符合
“保健食品”的定义
具有调节机体功能
4
不以治疗疾病为目的
5
6
对人体不产生任何急性、
亚急性或者慢性危害

保健食品与其他食品的区别

保健食品是食品的一个特殊种类，介于其他食品和药品之间。

保健食品可以代替药品吗

不可以！

1　保健食品是介于食品和药品中间的一类产品，有些成分是药食同源的中草药，可能会具有一定的调理功效，但是当作药品来吃肯定是不行的。

2　保健食品的主要用处在于补充、调理、预防，但不是治疗。

注意：有些无良商家大肆鼓吹保健食品的所谓治疗功效，打出虚假的招牌来欺骗消费者，大家千万不能相信这些！这不仅仅会浪费大量金钱，更有可能耽误病情！

为什么需要食用保健食品

1. 普遍性饮食营养结构不均衡

- 现代人生活节奏快、精神常处于紧张状态，对一些营养素的需要量发生变化
- 很多人有睡眠不足或失眠，需要进行营养补充及调整
- 缺少光照的室内工作及长时间使用电脑，会造成一些营养物质的缺乏

2. 食物营养价值下降

- 大量甚至过量使用化学肥料及农药
- 使用一些食用色素或药物
- 使用各种激素类药物
- 食物的收获、运送、保存周期过长，营养素流失
- 采摘并出售未成熟作物，营养物质积累不充分
- 生产过程中使用抗生素及生长素等物质
- 环境污染

食物营养价值下降

如何区别保健食品、食品、药品

	具有特定功效	规定用量及范围	可能有不良反应	仅可口服
保健食品	√	√	X	√
食品	X	X	X	√
药品	√	√	√	X

正确识别保健食品

我国允许注册申请的特定保健功能有哪些

1 增强免疫力（如人参类、蜂胶类、螺旋藻类、蛋白质粉、矿物质、维生素等）

2 辅助降血脂（如深海鱼油等，但不能代替降脂药）

3 辅助降血糖

4 抗氧化（如维生素E、葡萄籽、鱼肝油等）

5 辅助改善记忆（如一些含DHA的保健食品）

6 缓解视疲劳（如维生素A等，但不可代替药物）

7 促进排铅

8 清咽（主要针对慢性咽炎所引起的咽喉不适）

9 辅助降血压

10 改善睡眠（如褪黑素等）

11 促进泌乳

12 缓解体力疲劳

13 提高缺氧耐受力（如角鲨烯、沙棘籽油、维生素E、枸杞子、冬虫夏草、螺旋藻、茶多酚、珍珠粉、牛初乳等）

14 对辐射危害有辅助保护功能

15 减肥（此类保健食品中一般含有可以增减饱腹感的营养素）

16 改善生长发育（适宜生长发育不良的少年儿童）

17 增加骨密度

18 改善营养性贫血

19 对化学性肝损伤有辅助保护功能

20 祛痤疮（此类保健食品一般可以长期使用，辅助祛痤疮的药物发挥作用）

21 祛黄褐斑

22 改善皮肤水分

23 改善皮肤油分

24 调节肠道菌群

25 促进消化

26 通便

27 对胃黏膜损伤有辅助保护功能

哪些内容需要标示在保健食品标识和产品说明书上

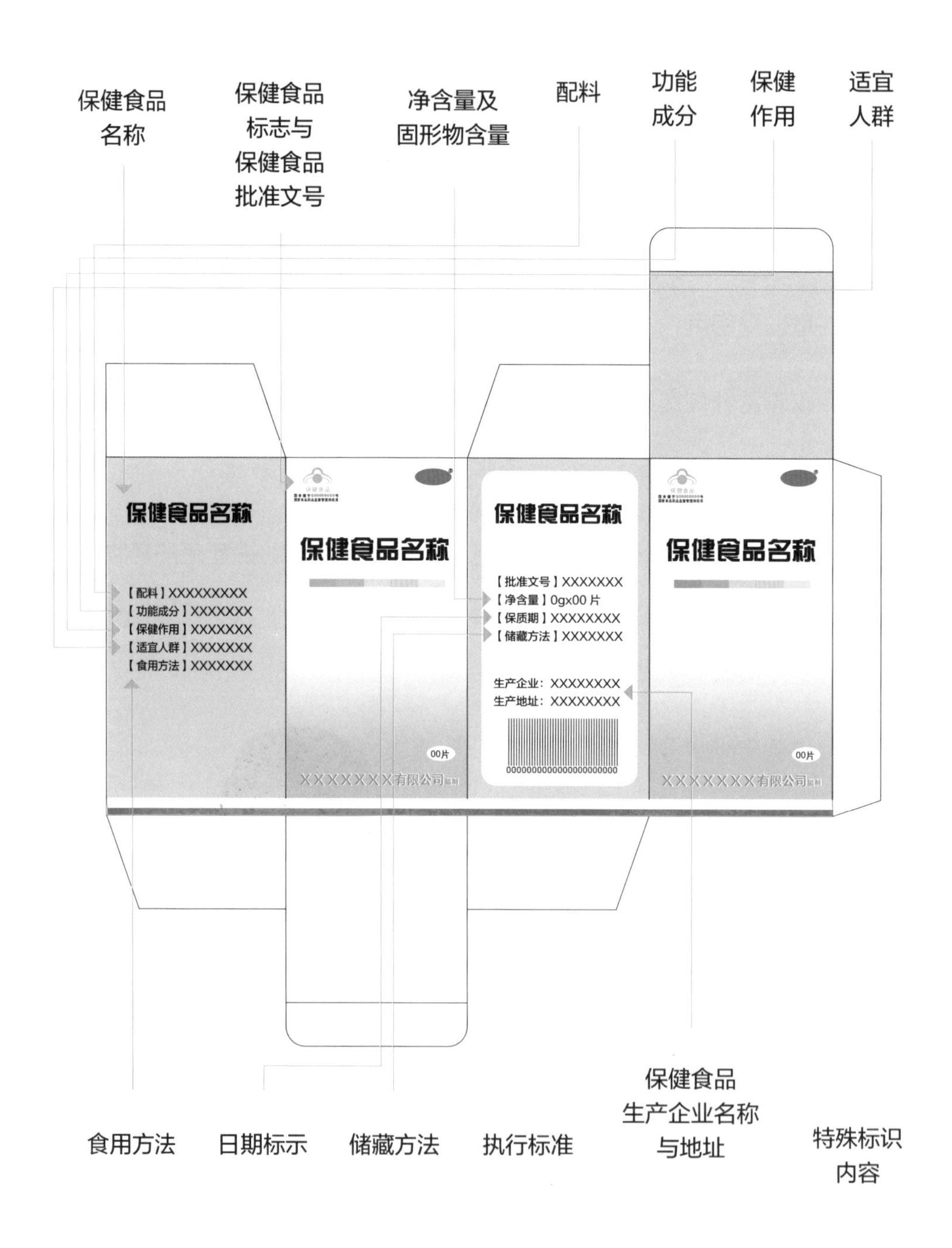

辨别保健食品真假有七招

1 看“蓝帽子”（保健食品专用标志）

2 扫条形码（可以获得产品的信息）

3 看生产日期，注意贮存方法

4 看规格、食用方法和保质期（保健食品外包装需标注“净含量/粒”“每100g有效成分含量”这两项指标）

5 看保健功能（国家批准的每个产品的保健功能最多是两种，且其保健功能共有27种，不能超出范围）

6 看适宜人群与不适宜人群（儿童不宜食用延缓衰老的保健食品；老年人不宜食用促进生长发育的保健食品）

7 看生产商及批号（购买前可先在网上查询生产商信息，判断其产品是否安全；国产保健食品的批准文号为“国食健字”）

国产保健食品的批准文号格式 ››› 国食健字G+4位顺序号

进口保健食品的批准文号格式 ››› 国食健字J+4位年代号+4位顺序号

保健食品宣传和广告中的“虚假”问题

1. 无中生有的虚假宣传（如标有“改善性功能”“增高”功能的保健食品）

2. 擅自增加产品功能（如一些保健食品仅有“免疫调节”功能，但宣传中却夸大成有“美容”功能）

3. “山寨”大牌弄噱头

4. 宣传疗效或暗示疗效
   - “奇迹般地为数万患者解除或减轻了顽固性肠胃炎、顽固性头痛、肿瘤和心脑血管疾病的折磨”
   - “对癌症、心脏病、老年性疾病、白内障、糖尿病、高血压等40多种疾病，有较好的预防和辅助治疗作用”

5. “营养素补充剂”产品宣传保健功能（营养素补充剂产品，只能注明“补充××营养素”，除此之外“不得声称其他特定保健功能”）

6. 借所谓的“专家”“患者”现身说法

7. 假借中医进行误导（一些产品获得批准的功能是“免疫调节”，但用中医理论解释，就延伸了不具备的功能，如“延年益寿、养心安神，对增强老年人体质、抗衰老有辅助作用”等）

8. 假借权威机构宣传和推荐保健食品

9. 违法宣称产品具有“保健功能”

揭露保健食品骗局

1 利用儿女对父母的孝心

2 利用老人生病不愿意麻烦孩子们的心情

3 “包治百病”“药到病除”切不可信（夸大宣传产品功能，大剂量违法添加药物成分）

4 讲座、义诊只是幌子

5 宣称“进口、专利、高科技”

6 “连哄带骗”欺骗老人（洗脑营销、亲情营销、体验营销、“免费体验”）

7 “慢性病能完全自愈”

8 “陪聊”搞亲情促销

9 步步设套，最后“走人”

10 “买保健食品能发财”

11 以“免费旅游”“赠送体检”为名义

保健食品消费常见的误区

保健食品可以治病

价格越高，功能越多、效果越好

NO!

保健食品吃得越多效果越好

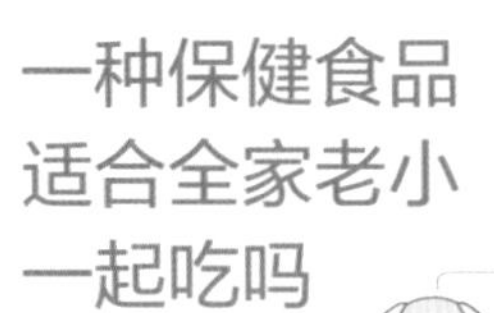

一种保健食品适合全家老小一起吃吗

Part

各类人群的保健食品清单

保健食品选择三原则

1 安全性

（认准保健食品的标志“小蓝帽”和批准文号）

2 必要性

（处于亚健康状态的人，可以通过选用保健食品进行调节；但如果已经生病了，就要及时去看医生，保健食品不能用来治病）

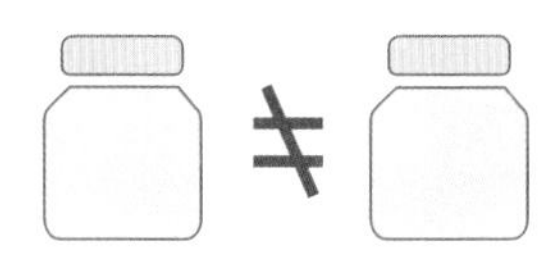

3 实用性

（正规保健食品上的标签会标注适宜人群和不适宜人群）

儿童应该如何补充保健食品

1　营养不良性水肿、贫血、消瘦，或便秘、食欲下降、消化不良

2　体重过低、体脂肪和体蛋白过度消耗，或肥胖、心血管病风险

3　体重不增、眼干燥症、佝偻病，或消化不良、大便多、胃口不佳

4　生长发育问题

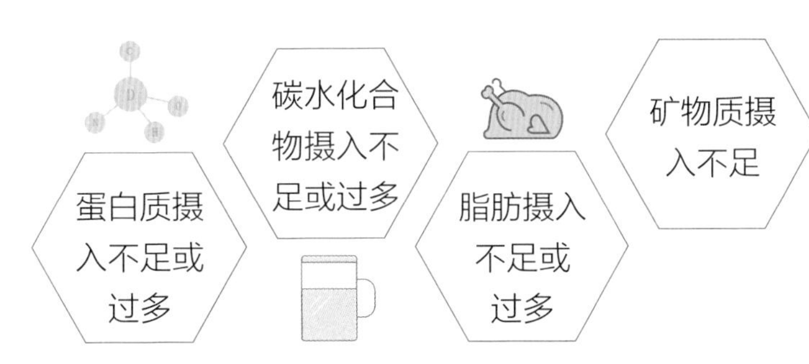

1. 均衡、适量摄入营养，不偏食、挑食
2. 可适当额外补充矿物质、维生素制剂
3. 适量运动、保证睡眠

注意：营养素补充不可过量

最容易出现饮食困惑的青春期该怎么补

1 发育不良　2 肥胖　3 学习能力下降

1 营养过剩、膳食不合理

2 饮食不规律、过度节食

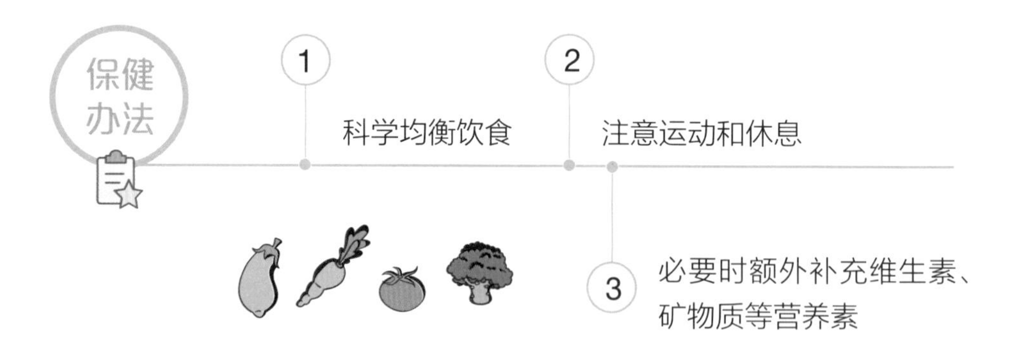

相关保健成分：钙、铁、B族维生素

中青年保持健壮体魄的保健秘诀有哪些

常见问题

❶ 肥胖
❷ 疲劳、压力
❸ 肝功能损伤、维生素流失

原因分析

❶ 膳食不合理（进食过多高脂肪、高热量食物）
❷ 缺乏运动
❸ 乳酸等疲劳物质的蓄积
❹ 酗酒、吸烟

保健办法

❶ 科学饮食（减少动物性脂肪的摄取）
❷ 加强体育锻炼
❸ 补充维生素、一些人参相关的制品或大蒜提取物
❹ 控酒、戒烟

相关保健成分： B族维生素、维生素C、维生素E、辅酶Q_{10}

年轻女孩如何补养更健康

1 经前综合征（经前不适反应）

2 皮肤问题

1. 经期性激素变化及子宫内膜剥落引发前列腺素浓度升高
2. 精神及心理因素
3. 维生素流失、不良生活习惯

1 补充γ-亚麻酸（改善经前不适反应）

2 补充谷维素、维生素B_6、钙、镁等（改善精神症状）

3 补充维生素C、B族维生素、前花青素（改善皮肤）

4 改善不良习惯、调整身体状态

相关保健成分： γ-亚麻酸、钙、镁、B族维生素、维生素C、维生素E

30岁白领丽人如何保持营养平衡

1. 皮肤问题
2. 体重问题
3. 工作压力
4. 月经期、妊娠期、哺乳期营养问题

- 空气污染
- 疲劳

- 饮食不科学，如进食高脂、高糖食物等
- 能量及营养素失衡

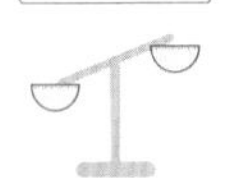

1. 吃出细腻肌肤
（补充水、维生素E、铁、优质蛋白、碱性食物等）

2. 减肥降脂饮食
（补充膳食纤维，适量摄入蛋白质，少吃动物脂肪及糖等高能量食物）

3. 勤补健脑饮食
（补充维生素C、ω-3脂肪酸、磷脂等）

4. 关注“三期”饮食
（月经期宜多食猪肝、瘦肉、鱼肉、紫菜、海带等；孕期和哺乳期要保证热量和优质蛋白质摄入量。同时补充足量矿物质和维生素）

相关保健成分：铁、维生素A、维生素C、维生素E

更年期女性应该怎样保养

- 潮热、半身出汗、心悸等类似绝经期的不适症状
- 下肢或面部浮肿
- 心理及精神问题
- 肥胖及“三高”
- 骨质疏松

- 水、电解质代谢紊乱，特别是水钠潴留
- 糖代谢、脂肪代谢紊乱
- 工作、生活压力
- 雌激素分泌减少，引起钙、磷流失

1. 补充植物性雌激素有助于缓解症状（如大豆异黄酮、亚麻木酚素等）

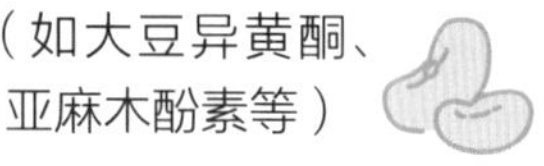

2. 合理调整膳食（限制食盐量，少吃高糖、高脂食物，选择优质蛋白）

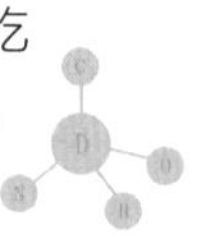

3. 摄取足够的B族维生素

4. 防治骨质疏松（选择高钙食物，同时摄入镁和维生素K）

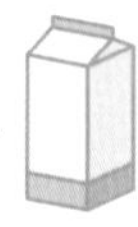

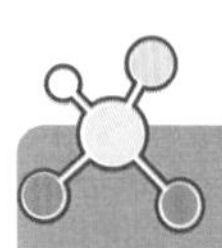

相关保健成分：葡萄籽油、B族维生素、维生素C、维生素E、β-胡萝卜素、钙、镁、维生素D、维生素K、异黄酮

更年期男性应该怎样保养

1 精神症状（疲劳感、集中力和记忆力降低，忧郁）

2 身体症状（肌肉力量降低、失眠、出汗、颈部及肩膀酸痛等）

3 性功能问题（性欲降低、勃起障碍等）

雄激素水平降低

营养物质流失

1 雄激素补充疗法（在专科医生指导下进行）

2 补充维生素及矿物质

3 注意摄取DHA、EPA、维生素E、维生素B_6、维生素B_{12}、茄红素等

相关保健成分： 蛋白质、EPA、DHA、维生素B_6、维生素B_{12}、叶酸

老年人如何摄取保健食品

❶ 各脏器功能减弱（内分泌、免疫力、消化功能异常，血管老化，运动功能障碍，记忆力减退）
❷ 不同程度的慢性疾病（心血管病、肿瘤、代谢性疾病等）
❸ 骨质疏松
❹ 肌肉成少

❶ 器官老化，营养吸收能力下降
❷ 免疫力下降
❸ 微量元素等营养物质的流失

❶ 注意饮食搭配及运动锻炼
❷ 补充人体必需的营养素
❸ 延缓老化速度（多摄入维生素C、维生素E、多酚类、胡萝卜素等抗氧化物质，褪黑激素，健脑的营养物质。男性可摄入茄红素或锯棕榈萃取物）

相关保健成分：蛋白质、维生素C、维生素E、银杏叶、辅酶Q_{10}

Part

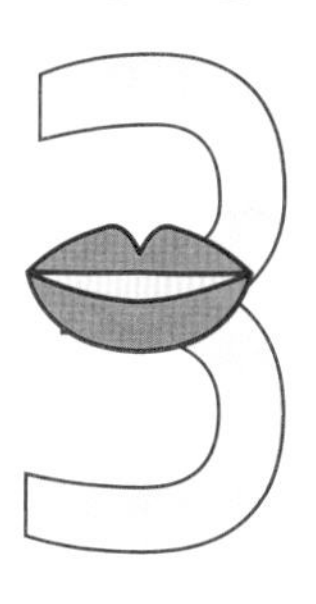

预防生活习惯病 保健食品这样吃

肥胖病

体脂率正常范围

15.0%~25.0%

20.0%~30.0%

1 继发性肥胖

因某种疾病（如下丘脑和垂体疾病、肾上腺功能异常等引发的的肥胖）

2 单纯性肥胖

主要由饮食过量及不良生活方式引起，无内分泌紊乱及代谢异常，绝大多数属于此类肥胖

（1）皮下脂肪型肥胖——皮下脂肪较厚，多见于女性

（2）内脏脂肪型肥胖——肠、胃、肝等内脏周围蓄积脂肪，多见于中老年男性

- 限制热量（限制饮食、加强体育锻炼，如快步行走及游泳等有氧运动）
- 摄入维生素和锌等矿物质（如B族维生素有助于燃烧脂肪）
- 严格控制饮酒量和酒的种类（如少量饮些低度果酒，可以增加高密度脂蛋白，减少血栓形成的危险）

相关保健成分：膳食纤维、B族维生素、复合维生素、复合矿物质

脂肪肝

病因

日常饮食摄取过多动物性脂肪及酒精

肝脏堆积过多的饱和脂肪酸及胆固醇

症状

多无自觉症状，或仅有轻度疲乏、食欲不振、腹胀、嗳气、肝区胀满、转氨酶升高、肝脏肿大等

保健对策

限制脂肪和胆固醇摄入

充分摄取优质蛋白

定期检查肝功能

及时补充维生素和矿物质

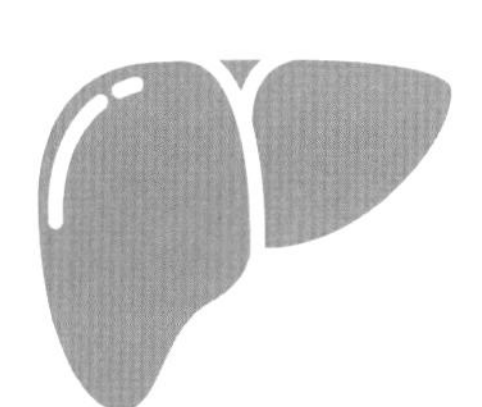

（如维生素B_6、叶酸、胆碱、肌醇、烟酸、维生素E、维生素C、维生素B_{12}、钾、锌、镁）

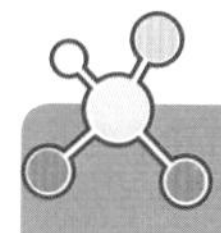

相关保健成分：复合维生素B、维生素C、DHA、EPA、卵磷脂、膳食纤维

动脉粥样硬化

胆固醇或钙质的长期附着

血管壁变厚、变硬，妨碍血液流通，增加疾病风险

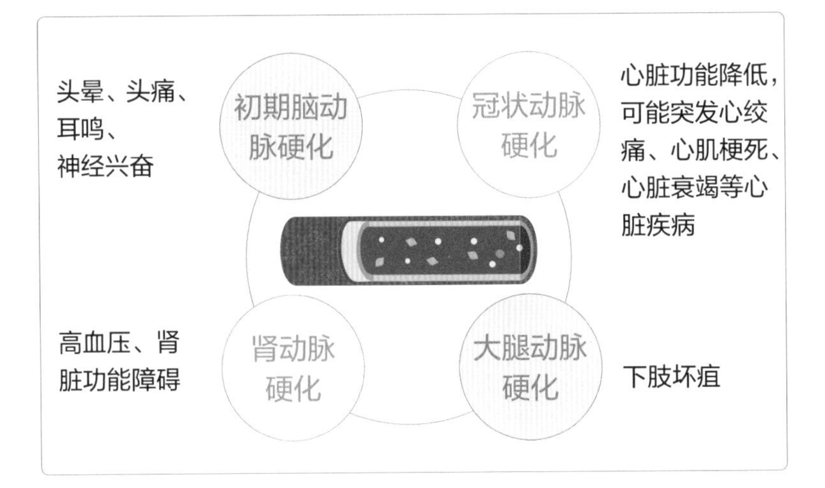

- 改善饮食、运动及戒烟
- 少接触含动物性脂肪较高的食物和含反式脂肪酸的食物（如牛油制作的汉堡、鸡、薯条等）
- 少吃甜食及酒精
- 多摄取富含植物性蛋白质的食品
- 食用富含EPA及 DHA（青花鱼、沙丁鱼）、维生素C、膳食纤维（如蔬菜、马铃薯、海藻、蘑菇类等）的食物

相关保健成分：EPA、DHA、银杏叶萃取物、膳食纤维、维生素C

心血管病

动脉粥样硬化等原因

冠状动脉狭窄、血液流通不畅、心肌缺氧

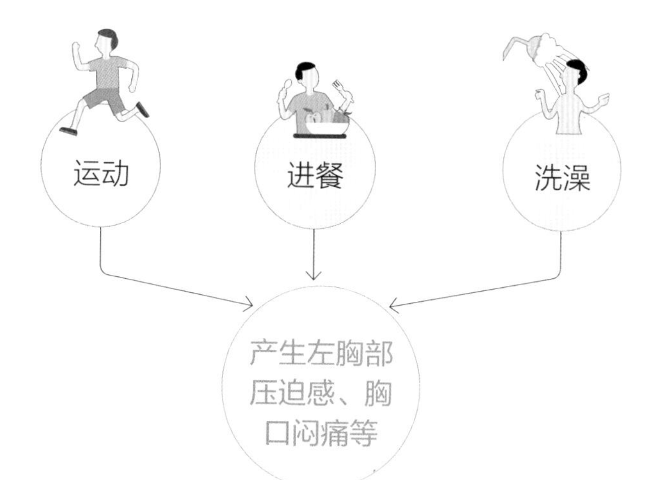

1 戒烟、适度运动

2 减少外界压力

3 少食动物性脂肪（肥肉、猪油、羊油、内脏等）及高热量食物（人造奶油、油炸食物等）

4 多选择具有辅助降血脂及抗氧化功能的保健食品

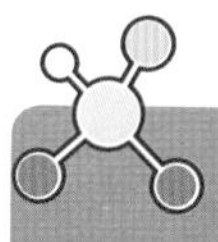

相关保健成分：辅酶Q_{10}、大蒜萃取物、银杏叶萃取物、EPA、DHA、维生素E

脑中风

1 脑血管中血栓导致流向脑部血液不通的“脑梗死”

脑血栓：脑动脉硬化，血管内腔狭窄，血管壁脂肪及血栓脱落后阻碍血液循环

脑栓塞：脑部以外形成的血栓，随血流运行到脑动脉导致阻塞

2 动脉破裂导致出血的“脑出血”

脑动脉硬化可以引起脑出血

突然不适

剧烈头痛

呕吐

……

1 低脂肪、低胆固醇的均衡饮食

2 避免疲劳、压力、睡眠不足

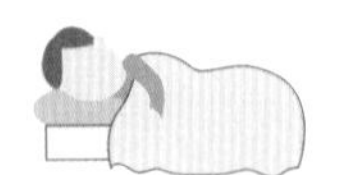

3 戒烟、限酒

相关保健成分：银杏叶萃取物、EPA、DHA、维生素E、维生素C、花青素

高血压病

病因

1

大多数患者属于无法确定具体原因的**原发性高血压**

2

少数患者属于肾脏和内分泌系统疾病引起的**继发性高血压**

症状

头痛　头晕　心悸　呼吸困难　耳鸣　手脚发麻……

保健对策

1 肥胖者应考虑减肥

2 戒烟、限酒

3 清淡少盐饮食

4 摄取复合矿物质的保健食品

相关保健成分：钾、镁、EPA、DHA、类黄酮、花青素

糖尿病

1型糖尿病：感染病毒或自身免疫反应异常，破坏了胰岛B细胞，使胰岛素分泌呈绝对不足

2型糖尿病：遗传因素及长期热量摄取过多、运动不足、外界压力等导致机体对胰岛素敏感性下降

轻者无明显症状

重者出现“三多一少”（吃得多、喝得多、尿得多，体重减少），同时可引发糖尿病视网膜病变、肾病及神经病变等多种并发症

- 改善饮食习惯
- 增强运动锻炼
- 肥胖者应减肥
- 多吃富含膳食纤维的食物（如蔬菜、蘑菇类、海藻类等）
- 选择低血糖指数（食后血糖上升速度缓慢）的食品或保健食品（如难消化性糊精、缓释淀粉等）作为热量来源

相关保健成分：B族维生素、膳食纤维、多酚类、铬、锌

痛风

病因

与遗传有关的嘌呤代谢紊乱

尿酸生成过多或排出过低

症状

1 尿酸盐结晶沉积在关节，刺激关节产生炎性反应，出现红肿热痛

2 在关节局部形成痛风石，在关节表面可看到异物结节

3 急性发作时可有撕裂样或刀割样剧痛

保健对策

减少外源性核蛋白

蛋白质摄取以谷类、蔬菜为主，优质蛋白宜选用不含或少含核蛋白的奶类及奶制品、鸡蛋等

多吃碱性食物

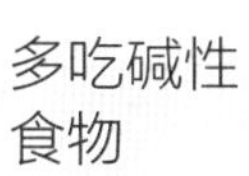

限制嘌呤摄入量

正常平衡膳食，维持理想体重

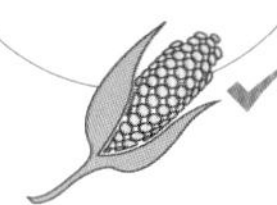

补充水和维生素

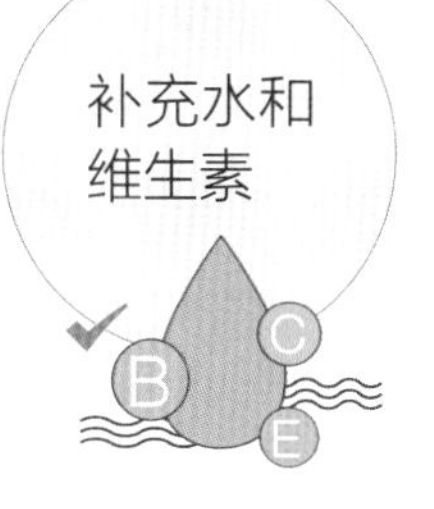

胃溃疡

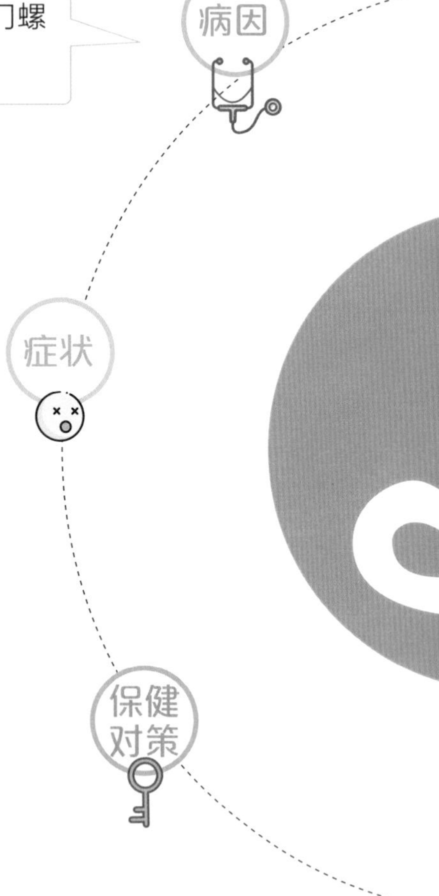

病因： 机体应激状态、物理和化学因素刺激、幽门螺杆菌感染

症状： 饭后上腹部疼痛（如钝痛、烧灼痛、胀痛不舒服感觉），多位于中上腹，典型疼痛有节律性，泛酸、嗳气、上腹胀等

保健对策：

1. 食用易消化、含足够热量、蛋白质和维生素丰富的食物
2. 限制多渣食物
3. 避免吃油煎、油炸食物及含粗纤维较多的食物（如芹菜、韭菜、豆芽、腊肉、火腿、鱼干、粗粮）
4. 禁食刺激性大的食物（如刺激胃酸分泌的肉汤、生葱、生蒜、咖啡、酒等，以及过甜、过热、过冷、过硬、辛辣食物）
5. 戒烟并严格限酒

慢性胃炎

1 长期摄入对胃有刺激性的食物或调味品（如烈酒、浓茶、大量咖啡、大量辣椒等）

2 不合理的饮食习惯及摄取过咸、过酸、粗糙的食物

3 长期缺乏蛋白质和B族维生素等

症状

慢性浅表性胃炎 伴有高酸和胃蠕动频繁，中上腹部有饱闷感或疼痛、食欲减退、恶心、呕吐、泛酸、烧心、腹胀等

慢性萎缩性胃炎 上腹部不适、胀满、消化不良、食欲减退、贫血与消瘦等

保健对策

Part

改善日常健康困扰状态的营养保健攻略

世界卫生组织关于健康的定义

1 精力充沛，能从容不迫地应付日常生活和工作

2 处事乐观，态度积极，乐于承担任务，不挑剔

3 善于休息，睡眠良好

4 应变能力强，能适应各种环境变化

5 对一般感冒和传染病有一定的抵抗力

6 体重适当，体态均匀，身体各部位比例协调

7 眼睛明亮，反应敏锐，眼睑不发炎

8 牙齿洁白，无缺损，无疼痛感，牙龈正常，无蛀牙

9 头发光洁，无头屑

10 肌肤有光泽，有弹性，走路轻松，有活力

这是一个接近理想的状态，实际上可以说这是我们个人健康努力的目标。但现实中绝大多数人都不能完全达到，或多或少会有一些问题。

减肥综合征

过度节食
滥用减肥药

营养不良
体质衰弱

厌食、身体瘦弱、体重显著减轻，严重者表现为肌肉萎缩，组织器官功能减退（如消化能力显著减退，出现顽固的消化不良和食欲不振），抵抗力降低，全身疲乏无力，女性闭经、不孕

控制饮食要适当
（每日摄取热量可控制在1500千卡左右）
积极运动锻炼
切忌乱服减肥药
（要在医生的指导下用药）
支持疗法
（补充全营养素及蛋白质粉来改善营养状况）

办公室综合征

可能原因

- 吸烟、二手烟
- 办公电子设备造成室内空气污染和负离子缺乏
- 室内装修材料和陈设物品污染
- 不合理的建筑设计（如地下车库中汽车尾气会顺楼梯等逸往办公室内）

症状

1. 头晕、头痛、乏力、心情焦躁
2. 甚则恶心、呕吐、食欲不振、眼睛发红、喉头干燥
3. 上呼吸道感染症状
4. 皮肤过敏现象
5. 血液系统和神经系统症状

保健对策

1. 排除污染（室内用绿色环保产品，勤开窗通风，室内禁止吸烟）
2. 锻炼身体
3. 种植绿色植物
4. 科学饮食（每日食用新鲜蔬菜、水果），适当补充B族维生素、维生素C、β-胡萝卜素等）

空调综合征

空调房内衣着单薄

门窗密闭空气不佳

空调系统滋生病菌

咳嗽	头痛	流涕	关节酸痛	颈僵背硬	腰沉臀重
肢痛足麻	关节僵痛	头晕脑胀	肩颈麻木	女性月经失调	

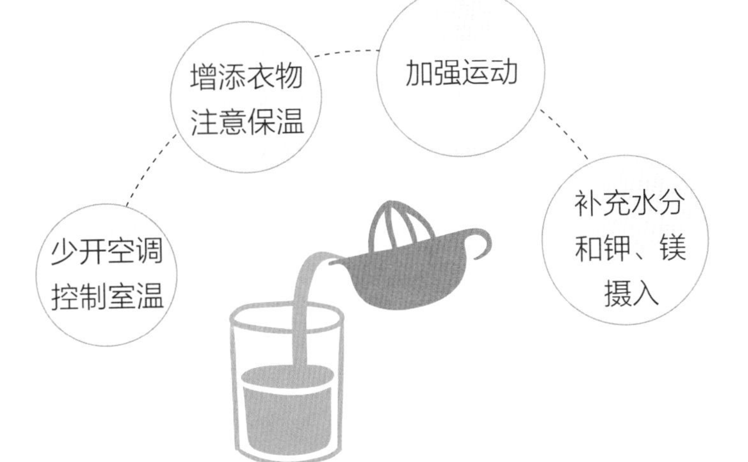

计算机综合征

操作电脑姿势不良或时间过久

眼睛疲劳，手、腕、臂、肩功能性损伤，头晕

- 科学用眼用脑，加强体育锻炼
- 科学膳食，保障营养（补充优质蛋白质、维生素C、B族维生素、维生素A、β-胡萝卜素等）

易感冒

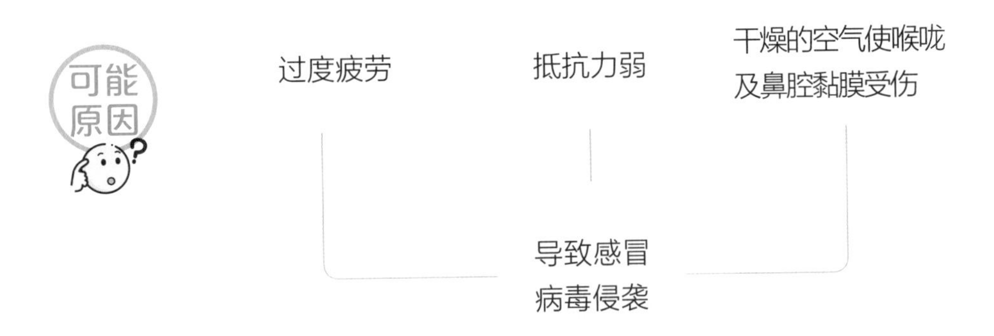

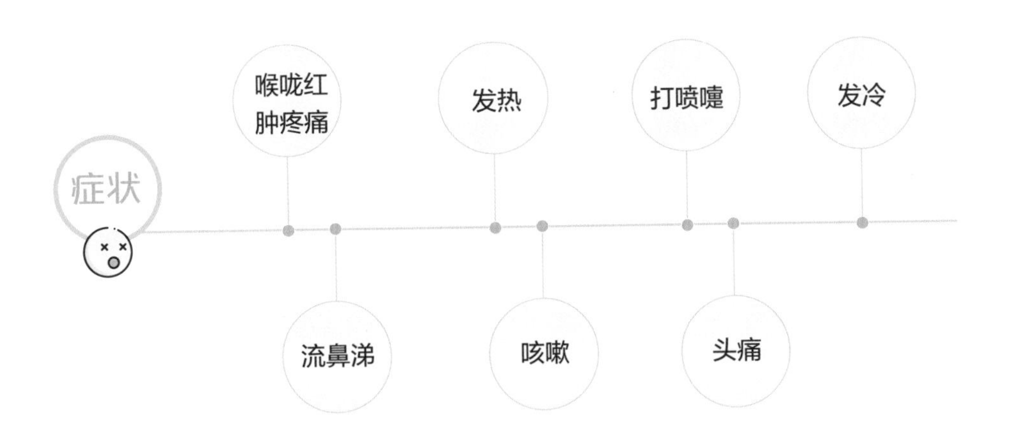

- 补充相关营养素（如维生素A、维生素C、锌、益生菌等），提高机体免疫力（保健食品只能预防而不能治疗感冒）
- 锻炼身体，增强体质
- 防止受凉或受热
- 定期开窗通风，保持空气流通

相关保健成分：维生素C、维生素A、β-胡萝卜素、锌、益生菌、儿茶素、大蒜素

易上火

疾病因素：心血管疾病患者或肥胖、便秘者

饮食因素：进食辛辣食物及甜食

心理因素：心境不平和，遇事不冷静

1 心火

心烦、心悸、失眠、口舌生疮、小便赤黄等

2 肝火

头痛、头晕、面红耳赤、口苦咽干、胸闷胁痛

3 胃火

胃部灼热疼痛、口干口臭、腹痛便秘、牙龈肿痛

4 肺火

呼吸气粗、高热烦渴、咳吐黄稠痰，甚至痰中带血

补充维生素C　皂角苷　腺嘌呤　柠檬素等，均衡营养

保持心境平和　适量运动　充足休息

口腔溃疡

1 口腔内不清洁

2 感冒或疲劳、紧张等造成营养状态不好，抵抗力降低

3 易紧张、偏食、有慢性疲劳或慢性胃肠道疾病，缺乏B族维生素

4 有些严重疾病如免疫系统疾病、恶性肿瘤等也会出现大面积口腔溃疡，此时保健食品不能改善，应及时进行治疗

口腔内发炎，多能在一周内自愈	反复发作，多见于活动的范围内（嘴唇内侧、舌）	多见于不活动的范围内（牙龈）
卡他型	复发型	疱疹型

保持口腔的卫生
积极补充维生素和矿物质（如B族维生素、维生素A、维生素C）
避免疲劳及压力
尽量不要选择太烫、太辣或太酸的食物
控制吸烟

相关保健成分：B族维生素、维生素C、维生素A（β-胡萝卜素）、复合维生素及矿物质

口臭

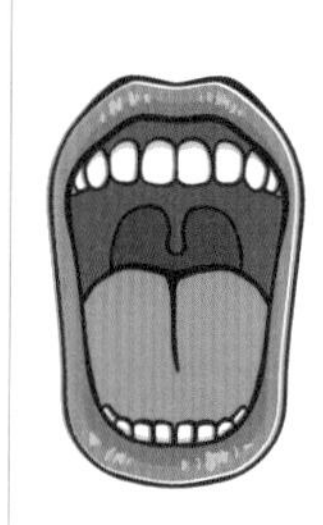

口腔黏膜脱落及食物碎屑生成甲硫醇（CH_3SH）等化学物质形成口腔中的臭味

口腔附近组织病变

胃功能障碍、贫血、糖尿病、肝脏及肾脏疾病等内科原因

口气中有烂水果味、氨味以及各种异味

- 及早治疗蛀牙、牙周炎、牙石过多等口腔问题及内科相关疾病
- 规律刷牙、刷舌苔，保持口腔清洁
- 喝些绿茶或黄春菊茶
- 食用含益生菌或双歧杆菌的保健食品
- 喝柠檬水，多吃蔬菜、水果

相关保健成分：儿茶素、类黄酮、乳酸菌

食欲低下

老年人：因年龄增长而产生胃黏膜萎缩、胃排空功能减弱、消化液分泌减少

年轻人：外界压力或极度疲劳，导致自主神经功能失调

- 水盐代谢失调使胃液酸度降低
- 体温调节障碍影响消化功能
- 血液重新分配使肠道供血减少
- 消化酶活性降低影响胃肠功能
- 畏食症

1. 突然食欲不振或体重持续下降
2. 腹痛、呕吐或拉肚子
3. 女性消瘦甚至停经

- 选择易消化、高营养的食物
- 补充全营养素、蛋白质粉、多种维生素及矿物质合剂
- 充足休息、愉悦心情、适当运动

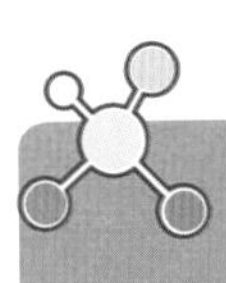

相关保健成分：全营养素、蛋白质粉、复合维生素及矿物质、B族维生素

胃痛

1 胃酸分泌过多或黏液无法正常分泌，使胃黏膜受损形成慢性或急性胃炎

2 幽门螺杆菌感染

其他内脏器官疾病：（大致判断，准确诊断需要到医院就诊）

偏左 餐后疼痛	中央部位 餐后疼痛	偏右 餐前疼痛	偏右 餐后疼痛
胰脏	胃	十二指肠	胆囊

- 避免暴饮暴食、经常性外出进餐、过食刺激性食物
- 控酒、戒烟
- 缓解外界压力
- 多摄取牛奶及乳制品、芦荟
- 补充维生素A（β-胡萝卜素）、锌、维生素C等
- 选用碳酸镁及小苏打中和胃酸

相关保健成分：维生素A（β-胡萝卜素）、维生素C、锌、镁

便秘

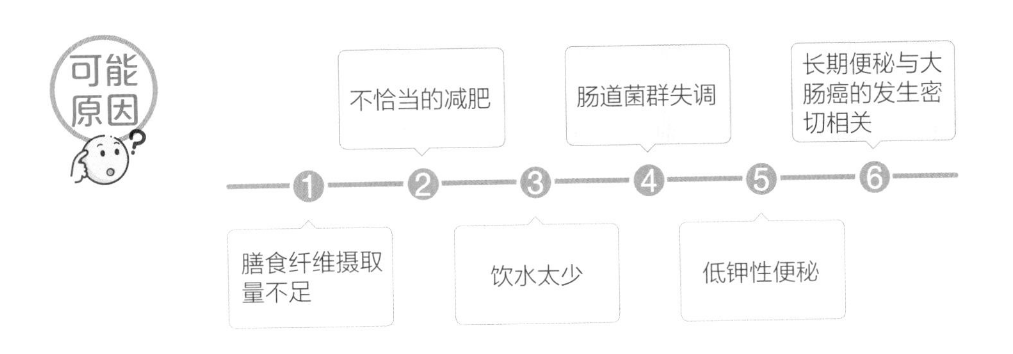

排便间隔长、排便困难、大便干燥且呈球状、腹胀、腹痛

- 多饮水
- 补充膳食纤维、B族维生素
- 适当增加摄入脂肪、益生菌（如酸奶）和寡糖类
- 适当运动及按摩腹部

相关保健成分：膳食纤维、益生菌、寡糖

腹泻

急性腹泻：饮食不当（吃辣或油腻太多）、受凉或食物中毒

慢性腹泻：有多种患病因素，如溃疡性结肠炎等慢性肠道炎症

1. 摄入含益生菌、乳酸菌、寡糖的食物
2. 不要滥用抗生素，使用抗生素一定在医生指导下进行
3. 食用减肥食品应慎重
4. 乳糖不耐受者不要大量喝鲜牛奶
5. 控制高纤维食物及粗粮

相关保健成分：益佳菌、寡糖、多种维生素和矿物质

尿频

男性前列腺肥大或增生，压迫尿道

女性泌尿系感染

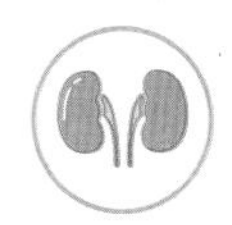

糖尿病及肾功能不全

小便次数增多，白天上厕所次数间隔变短，或半夜因有尿意而多次被迫醒来

正规药物治疗

初期可选用锯棕榈保健食品

摄入紫锥花等草本植物及蜂胶

补充维生素E

适量食用山芋

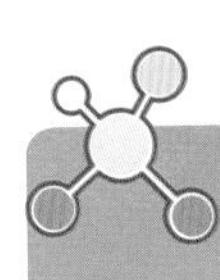

相关保健成分：维生素E、维生素A及β胡萝卜素、多糖、植物固醇

肩膀酸痛

1 长时间伏案工作

2 过度运动和紧张状态

3 不良睡姿

4 内脏器官疾病

5 女性穿高跟鞋

1. 经常做肩部及颈部运动，及时变换体位
2. 利用泡澡、按摩等帮助放松僵硬肌肉、促进血液循环
3. 补充维生素B_1、维生素E、银杏叶萃取物

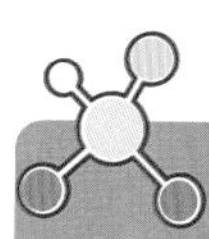

相关保健成分：维生素B_1、维生素E、银杏叶萃取物、钙、维生素D

腰痛

1. 椎间盘突出压迫神经
2. 脊椎变形症
3. 压缩性骨折
4. 腰部肌肉筋膜症
5. 腰椎管狭窄症
6. 运动过量及坐立姿势不良
7. 某些内脏疾病（如妇科疾病、泌尿道结石、腹部大动脉肿瘤等）

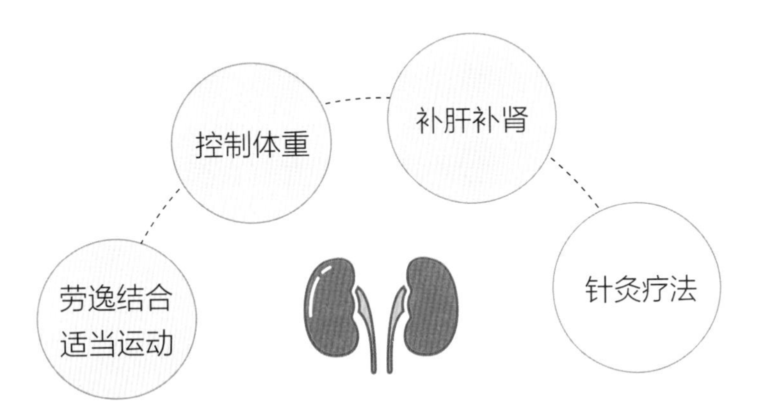

相关保健成分：钙、维生素D、软骨素、葡萄糖胺、胶原蛋白、蛋白质

视疲劳

用眼过度

光线刺激

空气污染

外界压力

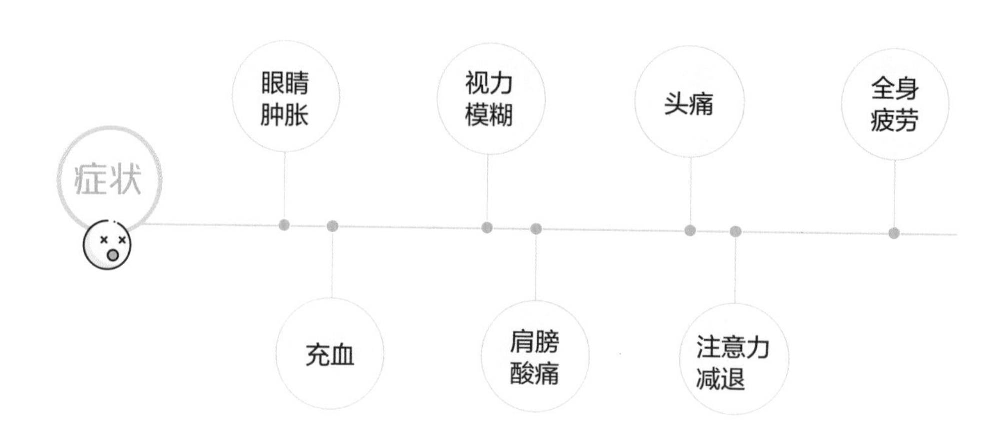

- 调节室内光线
- 注意眼睛休息
- 补充维生素A、花青素、叶黄素等营养物质

相关保健成分：维生素A、B族维生素、叶黄素、β胡萝卜素

贫血

- 缺乏铁质
- 缺乏维生素B_{12}和叶酸

营养性贫血	容易疲惫、头痛，站起时晕眩及口唇颜色异常
恶性贫血	疲倦、食欲不振、手脚发麻及丧失感觉等神经症状

1. 多摄取富含“动物性铁质（血红素铁）”的鱼和肉类
2. 补充维生素C、维生素B_6、维生素B_{12}及蛋白质、铜、柠檬酸等

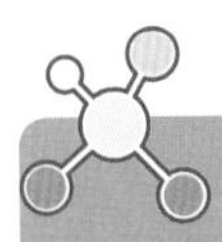

相关保健成分：铁（动物性铁质）、维生素C、维生素B_{12}、叶酸、蛋白质

浮肿

1 体内水分的分布失衡，使细胞间隙内囤积多余的水分

2 全身性浮肿：心功能不全等心脏疾病，肾小球肾炎、肾病综合征等肾脏疾病，肝硬化，甲状腺功能异常，贫血，妊娠中毒症（妊娠期高血压）

3 局部性浮肿：血管及骨盆内一些疾病压迫下肢血管

相关保健成分：优质蛋白、钾、复合维生素

脱发

1. 雄激素睾酮分泌过多
2. 5α-还原酶的介入
3. 压力过大、自主神经失调症
4. 甲状腺等激素分泌和作用异常
5. 自身免疫异常

1. 摄取维生素E及银杏叶萃取物
2. 补充氮化合物及蛋白质
3. 多摄入复合维生素及矿物质

相关保健成分：维生素E、锌、银杏叶萃取物

痛经、月经不调

经期子宫收缩

子宫肌瘤

子宫内膜异位症

1. 就医接受专业检查
2. 改善饮食，补充相关营养素
3. 注意休养，养成良好生活习惯

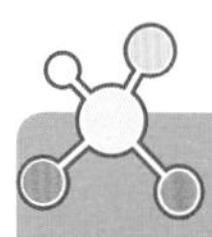

相关保健成分：维生素E、维生素B_6、异黄酮、月见草油（γ-亚麻酸）

性功能减退

1. 男性雄激素睾酮分泌减少
2. 女性雌激素分泌减少
3. 心理障碍、紧张压力等
4. 泌尿生殖系统疾病
5. 长期服用某些药物（如镇静剂、安眠剂、抗组胺药物苯海拉明、抗胃痉挛药阿托品、治疗胃及十二指肠溃疡药物西咪替丁、降压药利血平等）
6. 酗酒、吸烟、吸毒
7. 糖尿病或自主神经障碍

- 治疗原发病或补充激素（需要在医生严格指导下进行）
- 补充维生素E、锌、硒、L-精氨酸等
- 戒烟戒酒、适量运动

相关保健成分：维生素E、锌、硒、L-精氨酸、ω-3脂肪酸

疲倦

易疲劳物质的堆积

缺铁性贫血

营养不足

慢性疲劳综合征

心理性疲倦

某种器质性病变

1 治疗相关疾病（如贫血或其他慢性疾病）

2 补充相关维生素及矿物质

3 培养兴趣，保持大脑兴奋

相关保健成分： B族维生素、镁、大蒜萃取物、人参皂苷、辅酶Q_{10}、月见草油（γ-亚麻酸）

失眠

1. 交感神经、副交感神经紊乱
2. 身体肥胖、打鼾严重
3. 抑郁症或躁郁症等精神障碍

1. 睡觉前不要饱餐，不喝咖啡或浓茶、不吸烟
2. 适当运动及泡澡
3. 经常户外运动、晒太阳、调整生活节奏等
4. 摄入安神物质，缓解焦躁及压力

相关保健成分： 维生素B_6、维生素B_{12}、镁、褪黑激素

焦虑

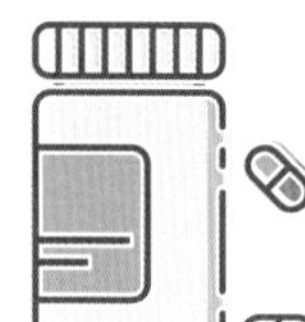

长期处于过度压力下，造成自主神经及激素分泌失调而降低免疫力

滥用某些抗精神病药

急性焦虑发作

惊慌、恐惧、紧张不安，濒死感、窒息感、失去自控感、不真实感或大难临头感，心悸、呼吸困难、胸闷、胸痛、压迫感、喉部堵塞感、头昏、头晕或失去平衡感，手脚发麻或肢体异常感、阵阵发冷发热之感、出汗、晕厥、颤抖或晃动

广泛性焦虑症

精神性焦虑——紧张不安、焦虑、烦躁、提心吊胆，有不安的预感，高度的警觉状态、容易激怒；

躯体性焦虑——心悸、心慌、胸闷、面色苍白或充血

- 利用分段休息及转换心情等方式来减轻压力
- 补充相关营养物质，缓解大脑疲劳

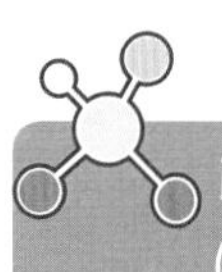

相关保健成分： 维生素C、维生素E、B族维生素、维生素A（β-胡萝卜素）、蛋白质、钙、镁、磷脂酰丝氨酸

持续承受外界压力

老年人抑郁症

经前综合征、怀孕、产后及更年期反应

轻者 >>> 出现疲劳、头痛、头晕、肩膀酸痛等

重者 >>> 会产生自杀的念头

- 充分休养，利用运动、旅行转换心情，或用精油按摩、泡澡来放松
- 保障营养，维持脑部健康
- 经常笑
- 重者及时就医，服用抗抑郁药

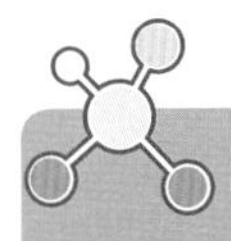

相关保健成分： 碳水化合物、氨基酸、B族维生素、卵磷脂、DHA、EPA

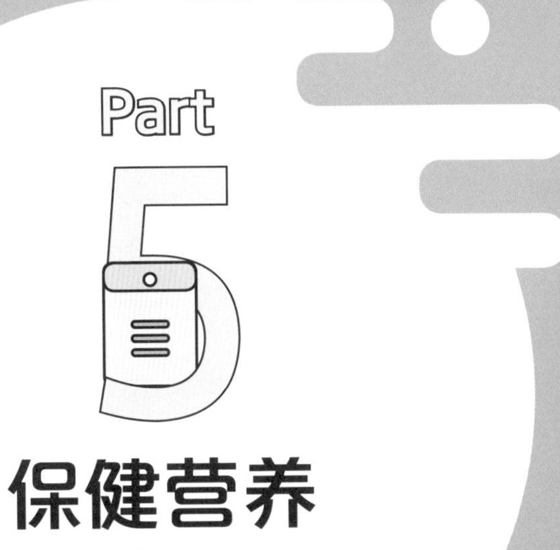

Part 5 保健营养物质档案

构成人体基本成分

核酸

作用

合成DNA和RNA

维持新陈代谢 → 保持皮肤弹性及乌黑的秀发，加速创伤愈合，防止瘢痕的产生

净化血液 → 增加血清高密度脂蛋白，降低胆固醇总量

获得方法

- 体内自行合成
- 食物摄入（如鱼子、贝类、动物内脏、瘦肉、酵母、豆制品、蘑菇等）
- 保健食品补充

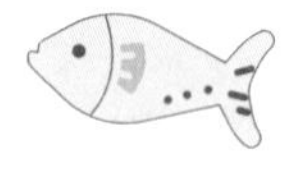

适用人群：衰老、动脉粥样硬化者

氨基酸

1　构成人体一切组织的主要成分

2　与人体生命活动密切相关

亮氨酸　异亮氨酸　赖氨酸　苯丙氨酸

蛋氨酸　苏氨酸　缬氨酸　色氨酸

} 8种必需氨基酸

- 赖氨酸、丙氨酸、脯氨酸、精氨酸——燃烧型氨基酸（防止脂肪过多堆积）
- 亮氨酸、缬氨酸、异亮氨酸——支链型氨基酸（增加肌肉力量，有助于消除疲劳）
- 缬氨酸、亮氨酸、异亮氨酸、精氨酸、谷氨酰胺、丝氨酸等，减缓脑细胞衰退

- 摄入蛋白质食物
- 尽量不偏食

适用人群：疲劳、肌肉酸痛、脑部老化者

多肽类

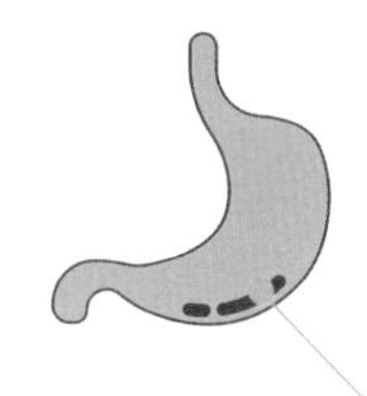

消化吸收的速度很快，即使在生病或病后体力和胃肠道功能都不好时，也能被迅速吸收

来源	作用
芝麻多肽	控制血压
大豆多肽	抑制胆固醇升高、消除疲劳，有研究表明其有抑制肿瘤作用
苦瓜多肽	控制血脂、提高免疫力、减肥
蜂胶多肽	护肤（保持皮肤弹性、预防细胞老化、减少皱纹产生）、美容
鱼类多肽	抑制血压上升

- 用于消化吸收障碍患者的医用食品
- 降压辅助食品
- 对蛋白质过敏的婴儿食品
- 促进钙吸收的食品
- 醒酒食品
- 运动食品

适用人群：高血压病者

蛋白质

构建身体不可缺少的营养素，是生命的物质基础

动物性蛋白质  蛋类、肉类及牛奶

  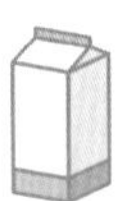

植物性蛋白质 >>> 以大豆蛋白为代表

- 每千克体重每天大约需摄入1～1.2克蛋白质，动物性及植物性蛋白质各占一半是比较理想的比例

适用人群：营养不良、肌肉减少、免疫力下降者

卵磷脂

1 形成细胞膜等生物体膜的主要成分，大脑、神经及细胞间的信息传导物质

2 负责人体各种功能的调节

3 与肝脏的代谢活动密切相关

4 预防胆固醇附着于血管壁

5 有助于预防和解决肥胖

6 健脑、调节机体平衡

- 身体自行合成
- 食物摄取（如蛋黄、动物内脏等）
- 卵磷脂保健食品

适用人群：血脂偏高、动脉粥样硬化、脑部老化者

注意：有些减肥产品标榜添加卵磷脂可以乳化脂肪，可以减肥。但事实上并非如此，因为卵磷脂大部分是脂肪成分，不是真能帮助减肥的成分。

软骨素

作用

1. 软骨及结缔组织的重要成分
2. 保水、滋润皮肤，保持关节顺畅
3. 去除胆固醇及过氧化脂质
4. 预防动脉粥样硬化

食物来源

动物性食品

如鲨鱼软骨、犊牛气管

获得方法

- 动物的皮及脆骨（一般含量不高）
- 软骨素保健食品（补充更有效果）

适用人群：关节老化及疼痛、骨性关节炎、血脂偏高、动脉硬化者

透明质酸

- 润滑关节
- 保持皮肤的水分及弹性
- 维护晶状体健康
- 保持血管壁的健康及通透性

- 动物性食品：皮、骨、关节
- 含透明质酸成分的保健食品，与维生素C、维生素E、钙同服效果更佳

适用人群： 关节炎、视疲劳、皮肤干燥、黑斑及皱纹者

葡萄糖胺

1 负责结合细胞间及组织间的结缔组织

2 制造软骨不可缺少的营养素

3 有研究发现，葡萄糖胺能阻止癌细胞的增生

4 改善食欲不振

1 适当选择含葡萄糖胺的保健食品

2 配合软骨素摄取，可增强对骨关节炎的疗效

适用人群： 骨关节炎、关节炎、牙周炎、腰痛者

胶原蛋白

支撑内脏器官，是构成身体的支架

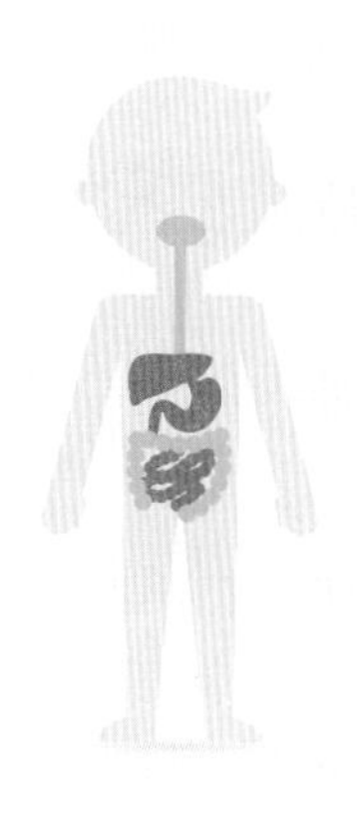

有助于减肥

在体内细胞间起连接作用

保持身体的弹性和张力（如皮肤、骨骼、头发等）

- 摄入富含蛋白质或胶原蛋白的食物或保健食品
- 配合维生素C及铁质摄入

适用人群： 皮肤老化、骨质疏松症、视疲劳、脱发者

钙

1. 保障骨骼和牙齿健康
2. 有研究发现，钙有助于降低高血压，降低肾结石、结肠癌等癌症的发病率
3. 消除烦躁，安定神经

- 成年人每天所需钙质约为800毫克，50岁以上的人、孕妇或哺乳期女性为1000毫克。
- 搭配饮食摄取
- 补充相关保健食品
- 适度晒太阳

适用人群：骨质疏松症、烦躁、高血压者

铁

1. 血液的主要成分
2. 防止贫血
3. 预防感冒

植物性铁质	人体吸收率约为3%~6%，如蔬菜、黑木耳、黑芝麻等
动物性铁质	人体吸收率约为20%，如肉类、动物全血、猪肝

获得方法

- 中国营养学会规定每天适宜摄入铁量成年男性为12毫克，女性为20毫克
- 从食物中摄取：动物肝脏、动物血、红色瘦肉
- 铁补充剂：如硫酸亚铁、琥珀酸亚铁、多糖铁复合物等

适用人群：贫血、低血压、月经过多者。此外，孕妇也需要适当补充含铁高的食物或铁剂

注意：服用铁剂时，最好有明确的铁缺乏指征，并在医生指导下进行服用

镁

1. 促进体内酶活化
2. 参与糖类与脂质代谢，有助于消除疲劳
3. 镁与钙的摄取比例最佳为1∶2或1∶3，有助于缓解焦躁

全谷类 豆类 绿叶蔬菜 豆腐 ——（镁含量较高）

肉类 香蕉 芝麻 乳制品 海藻

- 中国营养学会推荐成人每天镁适宜的摄入量为330毫克
- 成人对镁的摄取上限是每日不超过700毫克

适用人群：疲劳、心脏病、失眠者

注意：

1. 饮酒时，最好同时食用坚果类、海藻及绿色蔬菜。
2. 肾脏疾病患者需注意镁的摄入量
3. 一次摄入大剂量镁（大于400毫克）时可出现麻痹性肠梗阻，需要特别注意镁的摄入量

维生素A

1. 使黏膜保持完整（保护皮肤、头发及牙龈，维持正常视力）
2. 维持机体免疫力，帮助骨骼生长，促进成长和病后恢复
3. 抗氧化，防治体内器官过氧化、细胞膜受损
4. 抑制癌症，预防心脏病、呼吸道感染，降低胆固醇
5. 外用有助于对粉刺、脓包、疖疮、皮肤表面溃疡等症的治疗
6. 营养素的润滑剂

1 动物性食品

以视黄醇形态存在，如动物肝脏、鱼肝油、鱼卵、全奶、奶油、禽蛋

2 植物性食品

以胡萝卜素形态存在，如深色蔬菜和水果

- 儿童及易疲劳的人特别需要适量补充
- 维生素A与胡萝卜素的摄取比例约为1∶1
- 与含脂质的食物同食效果更佳

适用人群： 夜盲症及视力降低、心脏病、癌症者

维生素D

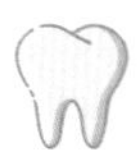

构成骨骼、牙齿不可欠缺的营养物质

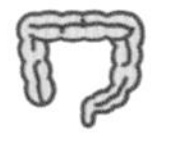

帮助肠内钙质的吸收

帮助钙在骨骼内沉积

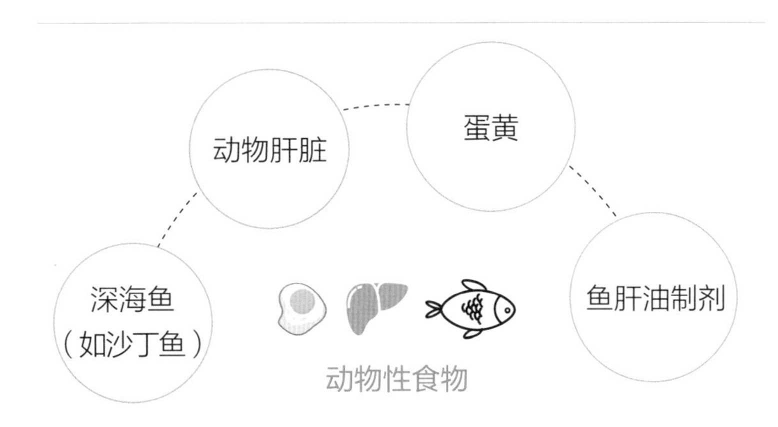

- 日光浴
- 与维生素A、维生素C、胆碱、钙、磷一同摄取，效果更佳

适用人群：骨质疏松症、蛀牙、软骨症、老年性肌肉衰减者等。此外，哺乳期的婴儿也应补充

维生素K

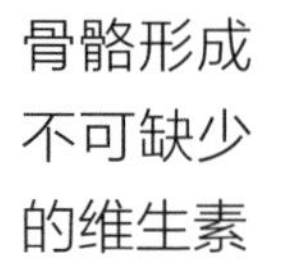

骨骼形成
不可缺少
的维生素

维生素K_1 <<< 从绿叶蔬菜中摄取

维生素K_2 <<< 富含在奶酪和纳豆中

- 怀孕或哺乳中的女性如果缺乏维生素K，会影响婴儿
- 新生儿需少量补充
- 注意不要过量摄取

适用人群： 生理期大量出血、骨质疏松症、新生儿缺乏维生素K出血症者

叶黄素

作用

保护黄斑

维持眼睛健康所必需

食物来源

绿色蔬菜，特别是菠菜、芥蓝、西兰花及甘蓝菜等深色蔬菜

获得方法

预防黄斑病变等疾病，每天约摄入6毫克（相当于半把菠菜，60～80克）最有效

适用人群：眼睛黄斑病变者

花生四烯酸

1. 增强神经突触传导能力
2. 维护和提高大脑功能

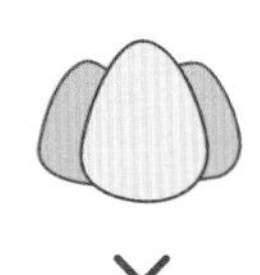

鸡蛋

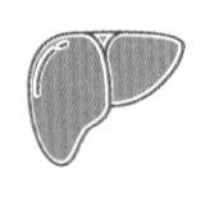

肉类（猪肝）

鱼类

- 人体每天摄取约240毫克的花生四烯酸（ARA）即可达到保健效果
- 特殊人群如哺乳期妇女、儿童及老年人可适量选用补充ARA的保健食品

适用人群： 大脑老化者

作为辅酶

维生素B_1

1. 消除疲劳
2. 维持大脑神经系统稳定，改善大脑功能
3. 维持肌肉特别是心肌的正常功能
4. 维持正常食欲、胃肠蠕动和消化液分泌
5. 有研究显示，维生素B_1对防治阿尔茨海默病有帮助

1. 食用富含维生素B_1的食物
2. 摄入不足时考虑食用B族维生素保健食品或补充剂
3. 大量饮用含糖饮料容易造成维生素B_1缺乏

适用人群：疲劳、脚气病、大脑老化者

维生素B_2

1. 与糖类、蛋白质的代谢以及脂质的合成、分解有关
2. 保护皮肤及黏膜
3. 强化肌肤、指甲及头发的发育
4. 提高整体抵抗力
5. 参与儿童的成长和女性的生育

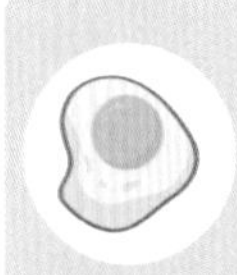

❶ 动物内脏（肝、肾、心）、蛋黄、鳝鱼、奶、蘑菇、紫菜中含量较高

❷ 绿叶蔬菜、豆类有一定含量

- 选择奶酪等乳制品、肉类、蛋类（蛋黄）和土豆
- 同时摄取维生素B_6和维生素C
- 正在服用抗肿瘤药物（进行化疗）者不能摄入过多的维生素B_2

适用人群：口腔炎、白内障、脂溢性皮炎者

维生素B_6

1. 参与体内氨基酸、脂肪酸代谢以及神经递质的合成
2. 制造能量所必不可缺的物质
3. 能强化免疫力
4. 减轻女性经前综合征

含量较多		含量较少
鸡、鱼、动物肝脏、蛋黄	全谷类、黄豆、鹰嘴豆、核桃、葵花籽、白菜	奶类及奶制品

- 宜与维生素B_2同时摄取
- 与维生素B_1、维生素C及镁一同摄取，效果更佳

适用人群： 动脉粥样硬化、皮肤粗糙、早孕反应者

维生素B_{12}

- 帮助红细胞生长，预防贫血
- 增加儿童食欲，促进成长
- 能增强注意力及记忆力
- 缺乏会造成肢体疼痛、手脚发麻
- 帮助核酸合成
- 与大脑及神经功能有关，对缓解失眠有效
- 减缓女性经期或经前综合征

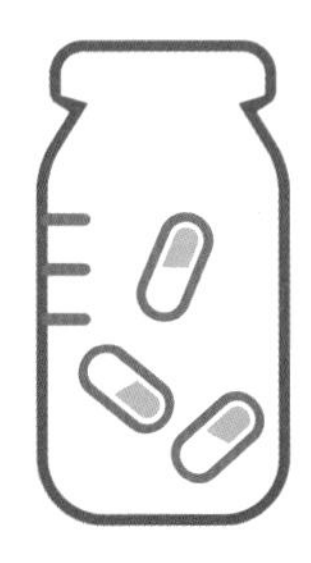

- 纯素食者，需要额外足量补充
- 与胃黏膜制造的糖蛋白（内因子）结合才能被人体吸收
- 因胃癌等疾病而切除胃大部分或全部，或胃黏膜损伤者，应采取注射方式补充

适用人群： 贫血、失眠、肩膀酸痛、腰痛者

烟酸

1. 促进糖类及脂质代谢

2. 制造能量，保障机体状态

3. 改善血液循环

4. 强化大脑神经功能

5. 预防心肌梗死复发

6. 辅助降低胆固醇

鲣鱼　青花鱼　鱿鱼　鸡肉　动物肝脏

豆类　酵母　小麦胚芽　米糠　其他谷类

- 通常日常饮食即可获得充足的量
- 中国营养学会推荐健康成人每天摄入量，男性约需15毫克，女性约需12毫克
- 摄取优质蛋白质
- 大量补充须经医生指导使用

适用人群：心肌梗死复发、血液循环、大脑神经疾病、哮喘者

泛酸

- 协助各种营养素发挥作用
- 提高机体免疫力
- 制造能量的重要物质
- 增强自主神经作用
- 化解进入人体的各种毒物
- 促进肾上腺皮质激素合成
- 促进脂质和糖类的利用，多条代谢途径的必需成分

大豆、花生、蘑菇等几乎所有的食物中都能摄取到

- 一天摄取大约5毫克即可，相当于3片牛肝（35克）或25克左右的黄豆
- 未精制的谷类等是较佳的泛酸来源
- 可选用复合维生素及矿物质的保健食品补充

适用人群： 食欲不振、化学物质中毒、脚部灼热感、小腿抽筋者

生物素

作用

1. 与脂肪酸合成及氨基酸代谢有关
2. 帮助细胞生长及DNA合成
3. 维持正常血糖值
4. 维持头发及皮肤健康
5. 预防贫血
6. 减少引发过敏性皮炎的因素
7. 改善糖尿病的控制

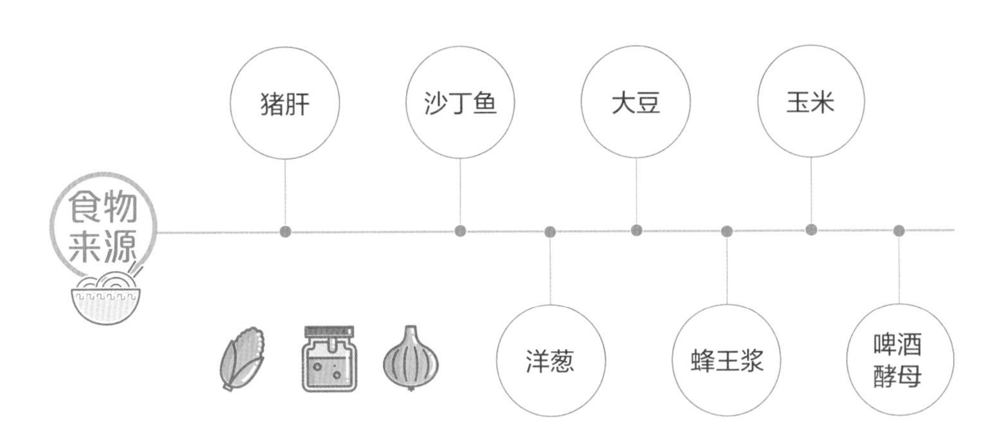

获得方法

- 中国营养学会推荐成人每天摄取量约为40微克

适用人群：贫血、过敏性皮炎者

叶酸

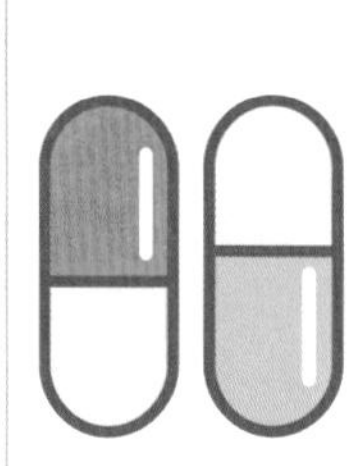

- 帮助DNA合成及细胞分化
- 有效防止大脑及脊椎的先天异常及发育不全
- 有研究表明，叶酸有预防肺癌、直肠癌及心脑血管病等

主要 >>> 富含于动物肝、肾

其次 >>> 鸡蛋、酵母、土豆、麦胚、毛豆、蚕豆、白菜豆、扁豆、龙须菜、菠菜、西兰花及甘蓝

- 中国营养学会推荐成人每天摄取400微克叶酸，上限是1000微克
- 备孕者及孕妇特别需要摄取

适用人群：不孕症、心脏病、肺癌、直肠癌、子宫颈癌、口腔炎、舌炎者

作为抗氧化剂

维生素C

1 与细胞间胶原蛋白的正常生长及维持密切相关

2 提高免疫力

3 抗氧化，防止胆固醇升高，延缓老化

4 改善贫血

5 辅助治疗骨质疏松症

主要存在于新鲜的蔬菜、水果中（如柑橘类、凤梨莓、猕猴桃、沙棘果、菜花、青椒等）

- 中国营养学会每日标准推荐摄取量约为100毫克
- 经常吸烟者建议摄取量为标准推荐量的2～3倍，可利用保健食品补充
- 与维生素E一同摄取，可提高抗氧化能力，预防癌症

适用人群： 易感冒，贫血，黑斑、雀斑等肌肤困扰，压力大，吸烟量过多，癌症者

维生素E

- 抗氧化
- 保持血管健康
- 与雌激素和雄激素中类固醇激素的代谢密切相关
- 有研究发现，与促排卵剂同用，可提高怀孕概率
- 缓解更年期综合征
- 增加精子数量，防治精子活动力衰退
- 促进人体正常新陈代谢，增强机体耐力，维持骨骼肌、心肌、平滑肌、外周血管系统、中枢神经系统及视网膜的正常结构和功能
- 保护肌肤

含量较多	植物油、麦胚、坚果、种子类、豆类及其他谷类
有一定量	蛋类、绿叶蔬菜
含量较少	肉、鱼类，水果及其他蔬菜

- 中国营养学会推荐的维生素E适宜摄入量为每日14毫克
- 一般食物中均含维生素E，坚果及初榨植物油中含量较高
- 维生素E补充剂有天然型及合成型，人体对天然型维生素E的吸收及反应更佳

适用人群： 动脉粥样硬化、虚寒证、更年期综合征、不孕症者

类胡萝卜素

1 虾红素、玉米黄素、隐黄素、番茄红素能抗氧化	2 番茄红素、虾红素可保护血管壁
3 玉米黄素可协助去除眼睛中的过氧化物	4 番茄红素、隐黄素能保护细胞，抑制癌症

虾红素、玉米黄素、隐黄素、番茄红素等600余种

β-胡萝卜素	胡萝卜、青椒等
虾红素	鲑鱼、鲑鱼子、鲷鱼、虾子、螃蟹等
玉米黄素	木瓜、芒果、菠菜等
隐黄素	玉米、橘子、橙子、沙田柚等
番茄红素	成熟番茄等

- β-胡萝卜素在天然食物中含量最多
- 从各种食物中均衡摄取效果较佳
- 针对不同的问题，可选择不同的类胡萝卜素补充剂，如β-胡萝卜素、叶黄素等

适用人群：动脉粥样硬化、皮肤老化、眼部病变、黑斑及皱纹、癌症者

多酚

作用

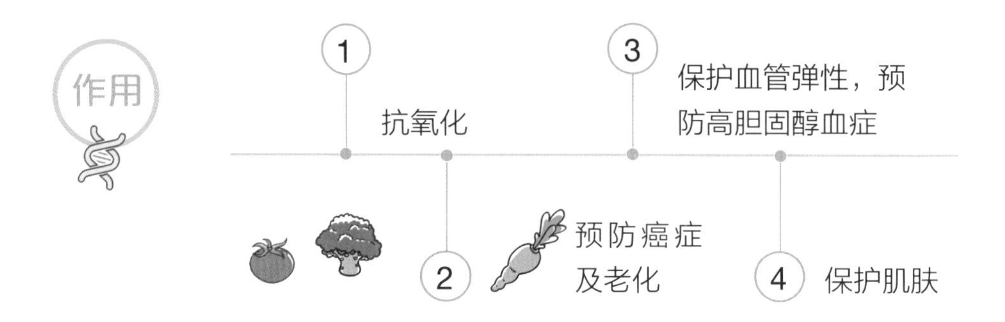

食物来源

❶ 花青素：葡萄皮、蓝莓、小红莓、松树皮
❷ 可可亚多酚：可可及巧克力
❸ 乌龙茶多酚：乌龙茶
❹ 番石榴叶多酚：番石榴叶
❺ 绿原酸（咖啡单宁酸）：咖啡
❻ 茶多酚：茶叶

适用人群： 动脉粥样硬化、脑血栓、高胆固醇血症、高脂血症、癌症者

类黄酮

1. 抗氧化
2. 有些有抗癌作用
3. 促进血液循环
4. 抑制血压上升
5. 保护毛细血管使其通畅

- 包括异黄酮、黄酮、黄酮醇、异黄酮醇、黄烷酮、异黄烷酮、查尔酮等。目前已知的黄酮类化合物单体有8000多种，其中5000多种来源于不同的植物
- 黄酮类与多酚类的结构有很多类似的地方，目前对于二者的关联尚有争论。有人认为黄酮类属于多酚的和种，也有人认为与多酚是并列的两种物质

1. 黄酮醇类：洋葱、荞麦、苹果、甘蓝、杨梅
2. 黄酮类：芹菜、紫苏
3. 黄烷酮类：柑橘类
4. 异黄酮类：大豆及其制品
5. 芸香苷：槐花米和荞麦花内含量尤其丰富，此外也存在于芸香叶、橙皮、番茄等植物中

适用人群： 动脉粥样硬化、高血压、骨质疏松症、过敏症状者

异黄酮

1 抗氧化

2 辅助调节女性正常生理、保持女性美丽体型与细腻肌肤，抑制骨骼内钙流失，防止动脉硬化及高胆固醇血症

3 减少血脂沉积在血管壁

4 有研究发现，可预防男性前列腺疾病

- 异黄酮是黄铜类化合物中的一种，主要存在于豆科植物中，大豆异黄酮最为常见
- 可从黄豆及黄豆制品中摄取大豆异黄酮，也可通过服用异黄酮保健食品获取

适用人群：更年期综合征、癌症、动脉粥样硬化者

儿茶素

❶ 抗菌及除臭

❷ 抑制病毒，预防感冒

❸ 抗氧化

❹ 抑制血压上升

❺ 降低血糖

茶叶，特别是绿茶

适用人群：动脉粥样硬化、糖尿病、高血压病、蛀牙及口臭者

辅酶Q_{10}

1. 产生能量，尤其可强化心脏功能，缓解缺氧状态
2. 抗氧化
3. 美容护肤
4. 确保肌肉正常功能
5. 有助于减轻体重

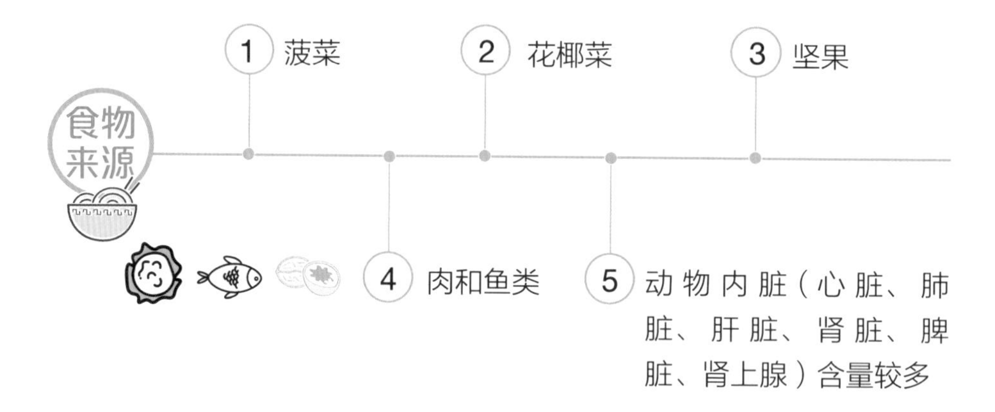

适用人群： 心脏疾病、动脉粥样硬化、皮肤衰老、肥胖者

硒

- 抗氧化，延缓衰老
- 制造前列腺素不可缺少的矿物质
- 预防动脉粥样硬化、糖尿病及白内障、肝病、心脏病
- 促进生长
- 保护视觉器官
- 抗肿瘤

- 中国营养学会推荐成年人每天摄入硒60微克
- 与维生素E一同摄取，效果更佳
- 摄取过多可致中毒

适用人群：肝功能障碍、糖尿病、白内障、动脉粥样硬化、癌症者

调节肠道健康

乳酸菌

调节肠道环境均衡

保障营养物质吸收

酸奶、活性乳酸菌饮料
益生菌制剂

儿童及老年人需要经常补充益生菌

适用人群：便秘、腹泻、癌症、肝功能受损者

注意：目前市面上所有的乳酸饮料，虽含乳酸菌等益生菌，但还含糖分，易引起超重或龋齿，注意摄取量

膳食纤维

- 预防及缓解便秘
- 减肥降脂
- 牙齿和肌肉保健
- 预防糖尿病及某些肿瘤

非水溶性膳食纤维	›››	蔬菜、谷类、豆类、小麦麸皮、未熟的水果、蘑菇
水溶性膳食纤维	›››	成熟的水果、海藻胶、魔芋等

- 成人每天建议摄取25克左右为宜
- 通过保健食品补充时应同时摄取适量水
- 不可摄取过多
- 同时摄取药物和保健食品应错开时间

适用人群：便秘、癌症、肥胖、糖尿病、肾结石者

寡糖

作用

1. 改善肠道菌群
2. 增强免疫力
3. 预防口臭
4. 热量极低，利于减肥

食物来源

1. 寡糖也叫低聚糖，也属于水溶性膳食纤维的范畴
2. 香蕉、蜂蜜、大蒜、洋葱、菊芋和燕麦中都含有不同种类的寡糖

获得方法

1. 富含寡糖的食物有豆类、燕麦、洋葱、大蒜、香蕉、菊芋等
2. 水溶性低聚糖膳食补充剂也是寡糖的重要来源

适用人群： 便秘、口臭、肥胖、蛀牙者

调节脂肪代谢和糖代谢

肉碱

1. 负责将脂肪酸搬运到细胞内线粒体中氧化代谢
2. 减少脂肪在体内的沉积，保持体型
3. 抗疲劳

动物肌肉蛋白质，特别是羊肉

1. 一般从日常饮食中即可摄取到
2. 慢性肾衰及透析患者可考虑补充肉碱

适用人群： 血液透析所致肥胖、疲劳者

辣椒素

1. 促进激素分泌
2. 分解体内脂肪
3. 提升皮肤温度 促进血液循环
4. 提高心脏功能 抑制血压上升
5. 可辅助降糖
6. 脱敏

辣椒籽

- 烹调时与大蒜一起食用，有助于促进血液循环，消除疲劳
- 注意不要吃得过辣或大量摄入，避免影响胃肠功能

适用人群： 肥胖、食欲不振、虚寒证、肩膀酸痛、疲劳、糖尿病者

铬

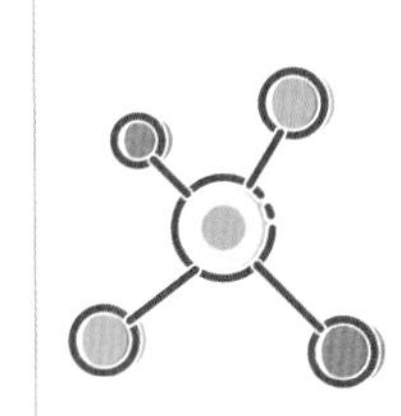

活化胰岛素功能，控制血糖血脂

促进脂质代谢

使DNA、RNA合成增强，调节细胞生长

1 谷类、肉类、鱼类、贝类、豆类、坚果、蘑菇等

2 啤酒酵母、畜类肝脏中含量最高

1. 中国营养学会推荐每日适宜摄入量约为30微克
2. 一般从日常饮食中即可摄取足够量
3. 与维生素B_1一同摄取，效果更佳
4. 服用降糖药物的糖尿病患者注意不可摄取过多
5. 补充保健食品，但不能过量

适用人群：糖尿病、动脉粥样硬化者

木瓜酶

1. 缓解消化不良或肠胃不适等
2. 保护肠胃黏膜
3. 缓解疼痛
4. 抗菌、抗炎
5. 缓解过敏反应
6. 促进肌肤代谢，护肤、美容

1. 通过食物（青木瓜）摄取

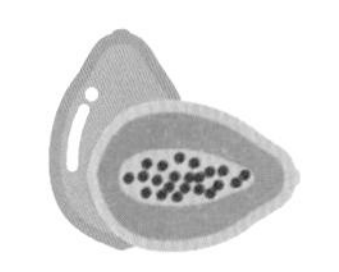

2. 保健食品有从青木瓜果实及其树干取得的乳汁萃取物及干燥后制成的粉末

适用人群：胃肠不适、糖尿病、高血压、过敏性疾病者

EPA、DHA

预防动脉粥样硬化、脑血管障碍、缺血性心脏病等

维持大脑功能

增强学习记忆能力

1. 食用沙丁鱼、带鱼、鱿鱼、金枪鱼等鱼类及海藻类食物

2. 不能摄取过量
3. 选用保健食品时需确认其所标示的推荐摄取量
4. 有外伤或出血性疾病者不应摄取

适用人群： 动脉粥样硬化、高血压、健忘、疲劳、过敏者

植物固醇

- 减少胆固醇的吸收
- 提高免疫力
- 预防心脏病、肠癌、前列腺癌、乳腺癌等，抑制细胞分裂，加速肿瘤细胞死亡

豆固醇、β-谷固醇、菜油固醇等若干种

植物油　果仁　豆类　种子

壳类　水果　蔬菜

- 食用富含植物固醇的食物
- 患有高胆固醇血症、冠心病者，可考虑摄入一些含有植物固醇的保健食品

适用人群：动脉粥样硬化、癌症、血胆固醇升高者

共轭亚油酸

1 预防脂肪堆积	2 改善血液循环与虚寒证
3 抗氧化	4 辅助治疗、预防心脑血管病

含脂肪的牛肉和牛奶等

2 从食物中摄取极少，可利用保健食品摄取

适用人群： 肥胖、心脑血管疾病者

调节免疫力

乳清蛋白

1 抗氧化、抗衰老

2 提高免疫力

奶及奶制品
乳清蛋白粉

1. 在运动前1～2小时，或运动后1小时摄取更有效
2. 蛋白质与糖类或部分脂肪一同摄取，效果更佳

适用人群： 阿尔茨海默病、蛋白质营养不良、素食、运动增肌者

乳铁蛋白

1. 增强免疫力
2. 有助于抗病毒、抗炎、抗癌
3. 抗氧化
4. 促进铁质吸收

从优质新鲜牛乳中分离提纯、真空冷冻干燥而成

- 经过高温高压处理过的牛奶及乳制品中几乎没有乳铁蛋白存在
- 从食物中摄取较困难，可通过保健食品摄取
- 对牛奶过敏者应慎用

适用人群：癌症、贫血、免疫功能低下者

甲壳素

1 降血压

2 降胆固醇

3 降低脂肪的吸收，有助于减肥

4 促进体内氨类有毒物质和重金属排出体外

① 存在于甲壳动物的壳中，很少能够通过食物摄取

② 选用含甲壳素的保健食品，选取时需注意质量，出现不适时及时减量或停止摄入

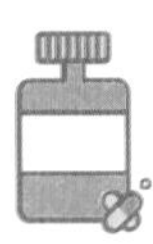

适用人群： 高胆固醇血症、高血压、肥胖、便秘、癌症者

鲨烯

- 增加皮肤湿润性与渗透性
- 提高组织供氧，提高内脏功能，保护肝脏细胞、对抗肝炎、缓解肝硬化与脂肪肝
- 软化皮肤，加速伤口愈合
- 净化血液，预防脑部缺氧，改善疲倦
- 全面增强体质，防病、抗衰老

鲨鱼肝及鲨鱼肝油

橄榄油及米糠油中也含有一定的鱼鲨烯

适用人群： 肝功能障碍、疲劳、烧伤、皮肤干燥、胃溃疡者

锌

1. 促进皮肤生长
2. 强化免疫力
3. 参与人体代谢
4. 胰岛素构成成分
5. 有研究表明，可促进儿童生长和减少营养不良
6. 增加性能力

1. 牡蛎中锌含量最高
2. 贝壳类、畜禽肉及肝脏、蛋、全谷类、坚果、酸奶

- 中国营养学会推荐成年男性一天摄入量为12.5毫克，女性为7.5毫克
- 可选择一些添加维生素A、维生素B_6等的复合型保健食品
- 不能过量摄取

适用人群：生长迟缓、性功能减退、易感冒、味觉迟钝者

Part

保健功能食品总动员

胚芽、种子、豆类

糙米

1 富含人体所必需的营养素

（2）维生素E：
促进抗氧化，预防动脉粥样硬化

E

（1）B族维生素：
促进糖类代谢，
减轻胰脏负担，
消除疲劳，制造
耐压力的体质

（3）糙米胚芽油：
改善更年期自主
神经失调

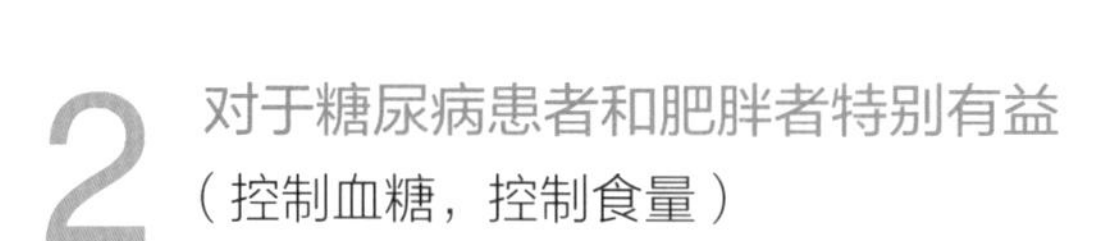

2 对于糖尿病患者和肥胖者特别有益
（控制血糖，控制食量）

糙米、发芽米加工食品、以胚芽部分为佐料的食品

适用人群：便秘、肥胖、血糖高及糖尿病者

燕麦

1 不饱和脂肪酸、可溶性纤维、微量元素钒、皂苷素等：降低胆固醇，预防心脑血管病

2 燕麦水溶性纤维：有助于糖尿病患者控制血糖，β-葡聚糖可改善消化功能、促进胃肠蠕动，改善便秘

3 亚油酸和维生素（B_1、B_2、E、叶酸）等：改善血液循环，缓解压力

4 钙、磷、铁、锌、锰等矿物质：预防骨质疏松，促进伤口愈合，防止贫血

5 能量和碳水化合物含量低：利于控制体重

每餐摄入40克左右为宜

一次不宜吃太多，以免造成胃痉挛或胀气

对麸质过敏者要小心食用

适用人群：高胆固醇血症、糖尿病、便秘、骨质疏松症者

荞麦

1 芸香苷

帮助维生素C吸收，活化毛细血管及血管壁，促进胶原蛋白合成，增强抗氧化的能力，预防病原菌侵入、增强免疫力，预防高血压及动脉粥样硬化、出血性疾病等

2 食物纤维

保护肝肾功能，有益于贫血的防治，有利于防癌

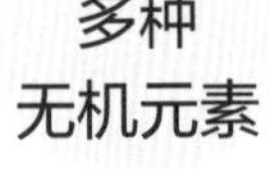

3 多种无机元素

对预防糖尿病、高血脂有积极作用

荞麦、荞麦粉、荞麦茶等食品及保健食品

适用人群：高血压、动脉粥样硬化、脑中风、心脏病、出血性疾病者

薏仁

❶ 用于中药：有消炎镇痛的功效
❷ 优质氨基酸：活化新陈代谢，缓解肌肤问题
❸ 利尿、缓解浮肿
❹ 舒缓因神经痛或风湿痛产生的肢体僵硬等症状
❺ 香豆酸：长期食用有一定的防癌功效

1 薏仁种子去壳、泡茶

1 天 3 次，
每天摄取量以
15～30 克为宜

2 煮薏仁饭，作为主食

注意：不是所有人都适宜食用，应该根据个人情况选择

适用人群： 血糖高、肌肤粗糙、青春痘、黑斑、浮肿、神经痛者

黑豆

1. 花青素：预防视力减弱、维持眼睛健康；抗氧化、延缓老化、强健血管、促进血液顺畅，可缓解虚寒证、肩膀酸痛、腰痛等
2. 维生素E：抗氧化剂，清除体内的自由基，减少皮肤皱纹，养颜美容
3. 大豆卵磷脂及皂苷：降低胆固醇、抑制三酰甘油生成，与花青素共同改善血液循环
4. 异黄酮：调节激素平衡，缓和更年期症状，预防骨质疏松

适用人群： 眼部疾病、动脉粥样硬化、更年期症状、骨质疏松症、肩膀酸痛、腰部疼痛者

白花豆

1. 富含钙、铁与钾，且钾有助于钠排出体外，维持正常血压

2. 种皮里含有许多膳食纤维

3. α-淀粉酶抑制剂：改善胰岛素抵抗与高脂血症，控制体重

1 白花豆食品或相应的保健食品

2 饭前、饭中摄入有助于控制血糖上升

适用人群： 肥胖、糖尿病、高脂血症者

葡萄籽

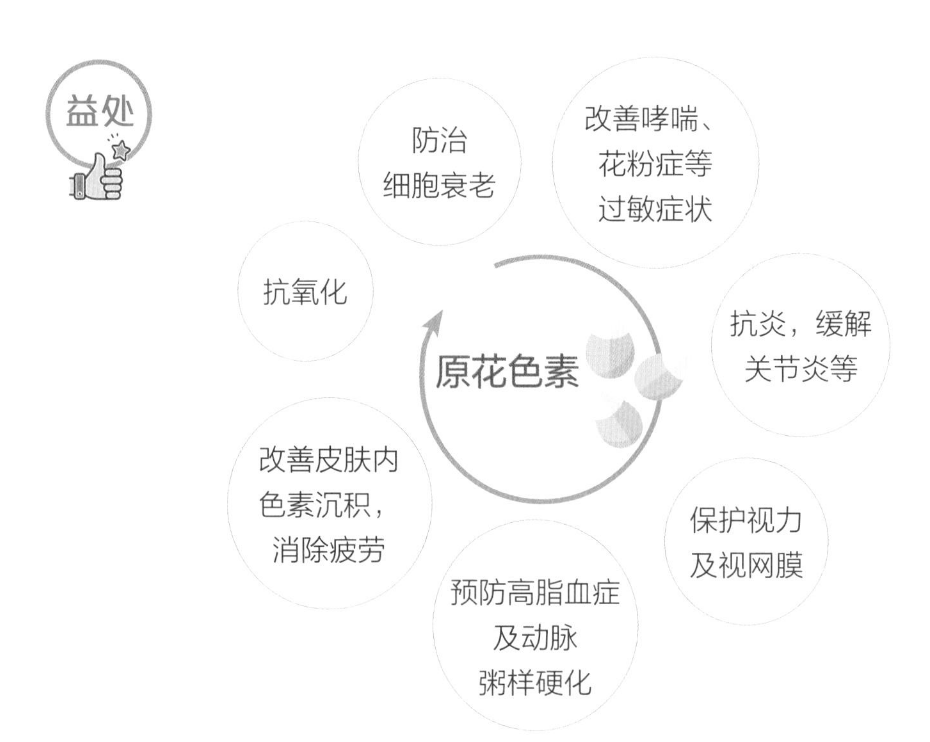

1. 葡萄酒：100毫升红葡萄酒中约含40毫克原花色素，喝两杯就能达到需要量。涩味较强的葡萄酒含有丰富的原花色素
2. 葡萄籽油：用葡萄籽油（一次约15毫升）制作沙拉等

适用人群：高脂血症、动脉粥样硬化、黑斑及皱纹者

蔬菜、水果、薯类

芥蓝

益处

❶ 硫代葡萄糖苷：降解产物为萝卜硫素，为抗癌成分；经常食用有降低胆固醇、软化血管、预防心脏病的功能

❷ β-胡萝卜素：抗氧化、恢复并提升视力、间接强化消化器官及其他内脏器官的黏膜

❸ 维生素C：增强抵抗力、预防感冒、缓解压力

❹ 含有胡萝卜素、叶酸、铁质、膳食纤维等营养素

❺ 叶绿素：造血、预防血栓等

摄取方法

1 制作沙拉

2 水煮芥蓝拌酱汁

3 热炒及炖煮

（可用少量碱水焯或加点糖、料酒来去除苦涩味）

适用人群： 高脂血症、动脉粥样硬化、肥胖、预防肿瘤者

苦瓜

1 奎宁：抑制过度兴奋的体温中枢，起到解热作用
2 维生素C、胡萝卜素：消除体内氧自由基、预防动脉粥样硬化、消除疲劳
3 钾及磷、铁、钙等矿物质：维持正常血压需要均衡摄取钾与钠
4 维生素B_1：改善糖类代谢、控制血糖血压
5 膳食纤维：抑制糖类吸收
6 苦瓜素：促进食欲、利于减脂

❶ 与油拌炒会更利于β-胡萝卜素吸收

❷ 苦瓜茶、苦瓜饮料、苦瓜含片以及相关保健食品

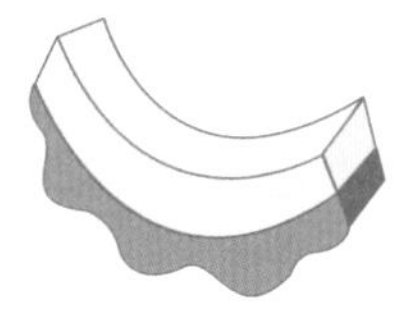

小贴士：
1. 苦瓜切片洒少量盐，水分释出后控干，再泡入冰水可去除苦味
2. 挑选时可注意苦瓜表面凹凸颗粒越大的苦瓜苦味越少

适用人群：胃肠不适、高胆固醇血症、糖尿病、疲劳、中暑者

姜

- 姜辣素、姜醇：促进胃酸分泌、增加食欲，健胃、改善腹泻体质、促进血液循环
- 酶：促进油腻食物的消化
- 缓解感冒症状、改善皮肤炎及烫伤
- 与橄榄油混合擦在头皮上可减轻头皮屑，涂在耳朵里则能缓解耳痛
- 促进防御细胞增长，加强免疫系统，使人保持精神饱满

- 有刺激性，适量摄取
- 痔疮或溃疡等出血性疾病患者，长青春痘的人要注意摄取量
- 烫伤或皮肤炎时，可研磨挤汁，与温热的植物油混合，涂抹于患部

适用人群：食欲不振、感冒、肩膀疼痛、腹泻、神经痛者

大蒜

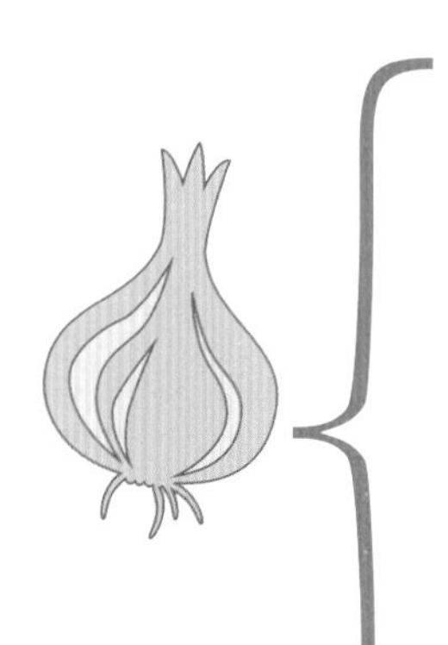

1 大蒜素：

具有杀菌作用，可以抗真菌、抗细菌，降脂降压，预防动脉粥样硬化、癌症。

2 超氧化物歧化酶(SOD)：

具有抗氧化、清除氧自由基的作用，可以保护细胞结构的完整

3 大蒜多糖：

有研究表明，大蒜多糖具有增强免疫系统活力的生理功能

4 有机锗：

有机锗化合物对受损的免疫系统具有不同程度的修复作用，可激活自然杀伤细胞和巨噬细胞，有利于癌症的控制。大蒜含有较多的微量元素锗

- 生大蒜可每天1瓣，熟的每天可2～3瓣，儿童摄取量最好是成人的一半以下
- 胃肠道感染者可考虑用大蒜素胶囊提高抵抗力
- 空腹食用易引发胃痛
- 食用过多可能导致腹痛、贫血、舌炎、口腔炎、皮炎等

适用人群： 疲劳、癌症、失眠、神经痛、食欲不振者

洋葱

1 前列腺素A:

扩张血管、降低血液黏度，进而降血压、增加冠状动脉的血流量、预防血栓形成

2 激活溶纤蛋白的活性成分:

舒张血管、改善冠状动脉循环，对抗体内儿茶酚胺的升压作用，稳定血压

3 硒:

抗氧化剂，帮助生成谷胱甘肽，输送氧气供细胞呼吸，清除自由基，增强细胞的活力和代谢能力，抗衰老

4 植物杀菌素（如大蒜素）:

杀菌、防感冒

5 可溶性膳食纤维

通便、改善便秘、降血脂，有助于肠道益生菌的生长

- 直接选用洋葱，但不宜过量食用（会产生胀气和排气过多）
- 饮用洋葱葡萄酒
- 烹调时使用洋葱粉

适用人群：高血压、高脂血症、冠心病、骨质疏松症、便秘、感冒者

梅子

1 杀菌

2 梅肉萃取物中富含有机酸

儿茶素酸：活化胃肠

苦味酸：活化肝脏、促进代谢、消除疲劳、有助于缓解酒醉

3 “梅子新元素”

改善血液循环，对虚寒证及肩膀酸痛有效

1. 青梅中含有苦杏仁苷（引起食物中毒），但会在制成梅肉时被分解掉
2. 梅肉萃取物可泡热水饮用，加适量蜂蜜口感更佳
3. 每次摄入3克（约1/2小匙）梅肉萃取物即可有帮助血液循环的作用，食用乌梅也有同样效果
4. 晕车时可选用方便携带的颗粒状梅子食品

适用人群：疲劳、皮肤干燥、青春痘、腹泻、便秘、食欲不振、虚寒证、肩膀酸痛、宿醉、晕车者

番石榴

1
番石榴多酚：抑制血糖上升，有助于减肥

2
丰富的维生素及矿物质，特别是果肉部分富含维生素C

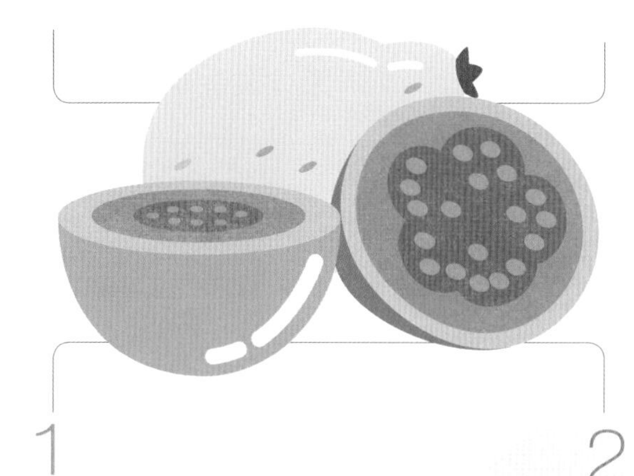

1
餐时或餐后摄取番石榴多酚可帮助稳定血糖

2
经常食用番石榴多酚有助于改善体质，不易罹患糖尿病等慢性疾病

适用人群：糖尿病、肥胖者

蓝莓

1 花青素：保护视力、预防眼病

2 蓝莓萃取物：常用于改善青光眼、假性近视的肌肉调节、干眼症、眼睛分泌物过多、预防老年人视力减退、退化性黄斑病变以及白内障的辅助治疗

3 绿原酸：抗氧化，对消除氧自由基、预防癌症及慢性疾病有效，保护毛细血管的正常生理功能，预防血栓发生

4 有研究发现，蓝莓中含有一种化合物，可防治尿道感染

- 蓝莓萃取物或含花青素的软胶囊等补充食品

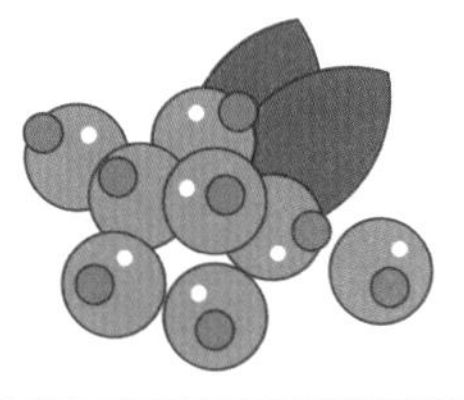

适用人群：眼睛疲劳、肩膀酸痛、血栓、癌症、糖尿病导致的视网膜病变者

红薯

●膳食纤维：促进胃肠蠕动和防治便秘，减少糖分和脂肪的吸收，有利于控制体重

●脱氢表雄酮：防癌、益寿，可有效抑制乳腺癌和结肠癌的发生

●镁、磷、钙等矿物质和亚油酸等：保护人体器官黏膜，抑制胆固醇沉积，保护弹性，防止肝肾中的结缔组织萎缩，预防胶原病

●绿原酸：抑制黑色素产生，防止出现雀斑和老人斑，抑制肌肤老化，保持肌肤弹性，减缓机体衰老进程

摄取方法

不宜食用过多，可和米面搭配吃，并配以咸菜或喝点菜汤

注意：

1. 食用凉的红薯易致胃肠不适
2. 胃溃疡及胃酸过多者不宜食用
3. 烂红薯（带有黑斑的红薯）和发芽的红薯可使人中毒，不可食用

适用人群：肥胖、便秘、癌症者

紫薯

花青素：抗氧化，提高免疫力，促进肝功能，防癌、降血压

富含绿原酸、β-胡萝卜素、维生素B_1、镁、钠等矿物质以及大量的维生素C等

直接食用或选择含紫色番薯原料的食品

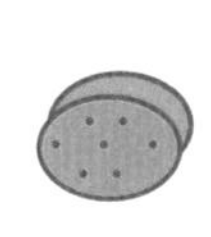

（糕饼类、酒、醋等）

适用人群：动脉粥样硬化、高血压、高脂血症、眼睛疲劳、预防肿瘤者

❶ 菊糖：不易被肠道吸收，不会使血糖升高；帮助调整肠内环境，有助于解决便秘

❷ 增加B族维生素的合成量，提高免疫功能

❸ 促进铁、钙、锌等微量元素的吸收利用

❹ 防止龋齿及骨质疏松症

❺ 减少肝脏毒素

❻ 生成抗癌的有机酸

1 做菜肴

2 选用药剂或茶等保健食品摄取，但若要与降糖药并用，则应先咨询医生的意见

注意：
1. 做菜肴时，不宜长时间泡在水里
2. 不要与醋类食物及酒精类一同烹调食用
3. 做沙拉时，尽量不要用含柠檬或醋的沙拉酱

适用人群：糖尿病、便秘、肥胖者

魔芋

主要成分为葡萄甘露聚糖，属于水溶性膳食纤维

❶ 有助于减少膳食中胆固醇的吸收，预防动脉粥样硬化

❷ 可促进肠道蠕动，缓解便秘

❸ 膳食纤维不被人体吸收利用，属于低能量食品，可用于控制体重

❹ 有助于控制餐后血糖

❺ 在结肠可部分被细菌酵解，有利于肠道健康

1. 选用魔芋粉保健食品，如魔芋豆腐、魔芋丝等
2. 魔芋的减肥和保健作用不是立竿见影的，而是要养成长期吃魔芋的良好习惯

注意：生魔芋有毒，必须蒸煮3小时以上才可食用，而且不宜多食

适用人群：肥胖、糖尿病、高血压、便秘、大肠癌者

芦荟

1 芦荟素、芦荟大黄素
促进胃液分泌，活化胃肠功能

2 切开芦荟时流出的黏液
抗溃疡、消炎、帮助血液凝固

3 提高免疫力、抗癌、降血糖

4 黏液素
可为干燥肌肤补给水分

5 含皂苷、黏多糖类、叶绿素、维生素A、维生素B_{12}、维生素C、维生素E等多种营养素

1. 根据比例、成分不同，适当选择芦荟保健食品
2. 不是所有的芦荟都可食，在食用芦荟前请咨询相关专业人士

注意：怕冷、体衰、月经期及怀孕中的女性建议不要食用

适用人群：胃肠不适、便秘、糖尿病者

菌类、藻类

黑木耳

益处

1 可溶性膳食纤维：
清胃洁肠；减少脂肪和胆固醇的吸收，预防有胆固醇结晶生成的胆结石

2 维生素K：
减少血液凝块，预防血栓，防治动脉粥样硬化和冠心病

3 抗肿瘤活性物质：
提高免疫力，经常食用可防癌抗癌

摄取方法

- 干木耳要用温水泡发，泡发后仍然紧缩在一起的部分不宜吃
- 选用木耳多糖提取物来保健或预防“三高”、肿瘤等疾病

注意：鲜木耳含有毒素，不可食用

适用人群：贫血、动脉粥样硬化、癌症者

海带

1 碘

帮助制造能活化新陈代谢的甲状腺素、保持血管弹性、预防高血压

2 二十碳五烯酸

不饱和脂肪酸，降低血液黏稠度、减少血管硬化的可能

3 钙质

被认为是能够帮助有效摄取钙质的食物

4 昆布氨酸

降血压

5 岩藻多糖

抗肿瘤

6 甘露醇

利尿消肿

7 可溶性膳食纤维

有利于缓解便秘，控制体重

- 直接食用，烹调前清理时尽量保留白色粉末，要适量食用
- “海带根”营养价值高，但不易烹调
- 也可选用浓缩海带补充剂、糊状食品、饮料等摄取

适用人群：血管老化、高血压、癌症、缺碘性甲状腺肿、便秘、贫血者

绿藻

❶ 含有优质蛋白质、糖类、叶绿素、多种矿物质、维生素A、维生素E、所有B族维生素、叶酸及核酸等丰富的营养素

❷ 能在其细胞内合成人体正常生命活动是所必需的物质，并产生绿藻萃取物，能使人体免疫力恢复正常

❸ S-核苷酸多肽：促进造血，改善贫血

❹ 叶黄素：保护眼睛

❺ 超氧化物歧化酶（SOD）：维持健康的碱性体质、促进新陈代谢、排除毒素，预防皮肤干燥粗糙、增加皮肤抵抗力、延缓皮肤老化

● 选用片剂、粉末及萃取物等绿藻制品，有研究表明，空腹食用效果更佳

注意：

1. 刚开始服用绿藻时，有些人可能出现胃肠及过敏反应，应多注意

2. 正在服用抗血栓治疗者，绿藻可能会阻碍药效

适用人群： 动脉粥样硬化、贫血、眼部病症、肥胖、皮肤老化者

螺旋藻

1 富含蛋白质：可作为补充蛋白质的食物

2 β-胡萝卜素：有抗氧化的作用

3 蓝藻素：抗氧化，预防胆结石

4 镁：有益于心血管健康

5 钾：有益于控制血压

6 可溶性膳食纤维：促进肠道蠕动，缓解便秘

7 不饱和脂肪酸：有助于控制血脂，促进血管健康

- 选用片剂、颗粒状或加工成浓缩物等螺旋藻保健食品
- 一天摄取量以2~6克为宜，应注意含量及摄取量

适用人群：高胆固醇血症、癌症、高血压、肝病、便秘、肥胖、营养失衡者

植物性油脂类

橄榄油

益处

1. 含有单不饱和脂肪酸、丰富的脂溶性维生素（如维生素E、维生素A等）及胡萝卜素、多酚类、鲨烯等抗氧化物质，不含胆固醇，易于消化吸收
2. 减少胃酸，阻止发生胃炎及十二指肠溃疡等疾病
3. 减少胆囊炎和胆结石的发生
4. 多酚抗氧化剂：抵御心脏病和癌症，与鲨烯聚合可减缓结肠癌和皮肤癌细胞的生长
5. 单不饱和脂肪酸：防止因高血压造成的动脉损伤，减少血栓形成，增加放疗及化疗功效
6. 护肤、减肥

摄取方法

- 初榨橄榄油适合凉拌
- 精炼橄榄油可用于烧煮、煎炸
- 橄榄油加热会膨胀，所以用量比其他种类油要少

注意：保存时要密封、避光，且不宜久存

适用人群： 心血管疾病、肥胖者

小麦胚芽油

益处

1. 含有脂质、维生素、矿物质、膳食纤维和蛋白质
2. 富含维生素E：其中的α-生育醇能保持血管的年轻，降低血液黏稠度，促进新陈代谢
3. 维生素B_1：预防和改善疲劳、便秘、手足麻木
4. 促进糖类代谢，加强钙质的吸收
5. 含有不饱和脂肪酸
6. 谷胱甘肽：保护大脑、促进婴幼儿生长发育

摄取方法

1. 补充多不饱和脂肪酸来保持皮肤滋润，宜选小麦胚芽油；缓解便秘和痔疮，宜选粉末及麦片等小麦胚芽制品
2. 高脂血症者，使用前要注意产品标示的脂肪含量

适用人群： 动脉粥样硬化、疲劳、黑斑、便秘者

芝麻油

1 黑芝麻中的花青素
抗氧化、提高免疫力

2 白芝麻中的亚麻酸含量较多

3 芝麻醇
保护脑神经细胞及神经胶质细胞

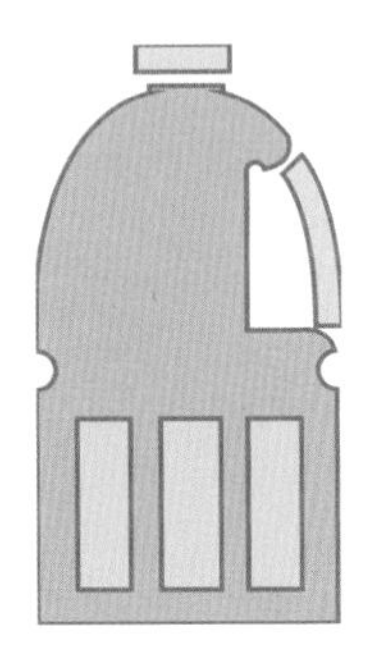

4 芝麻素
帮助酒精代谢，防治宿醉，预防肝功能障碍

5 有研究认为，与维生素E一同摄取有助于抑制过敏

- 选用芝麻或芝麻油，未经加工的芝麻比芝麻油保留了更多营养素
- 含油脂多，能量高，过多摄取可能会导致肥胖，应注意适量摄取

适用人群：大脑老化、动脉粥样硬化、高胆固醇血症、癌症者

药用植物类

冬虫夏草

1 含有硒、锌、磷、锰、镁、铁、铜等多种矿物元素
2 超氧化物歧化酶：抗氧化
3 虫草酸：具有降血压、预防冠状动脉粥样硬化性心脏病的作用
4 虫草素：可促进骨髓造血，增强血小板生长，提高免疫力
5 虫草多糖：有助于增强巨噬细胞功能，预防肿瘤

1 冬虫夏草干燥品：

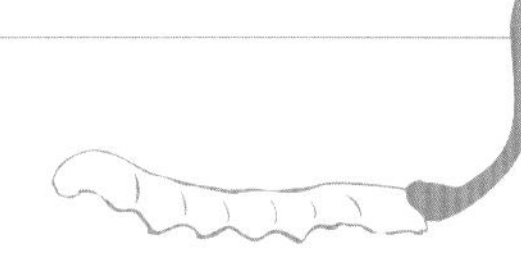

- 加热水泡煮后饮用
- 加入白酒或黄酒中浸渍约1周制成药酒饮用
- 烹调菜肴

2 粉末、胶囊、饮剂等制品

适用人群： 动脉粥样硬化、高胆固醇血症、疲劳、心绞痛、心肌梗死、癌症者

高丽参

❶ 高丽参皂苷和维生素、矿物质：提高免疫力、消除疲劳，使身体产生活力，维持良好的体内循环，改善老年人的大脑功能（注意力集中和长时间思考能力方面），抗癌
❷ 富含氨基酸、多肽聚葡萄糖
❸ 提高学习记忆能力
❹ 抗心肌缺血与心律失常
❺ 抗动脉粥样硬化
❻ 增强性功能，促进性腺功能及发育
❼ 增强免疫力
❽ 增强机体的应激能力和适应性
❾ 改善造血功能
❿ 抗辐射、抗病毒、抗肿瘤、抗休克等

❶ 泡煮后服用最有效，要滋养身体、保持强壮者，可每天摄取1.5～5克
❷ 通过制成茶叶包、颗粒或饮用剂等摄取
❸ 注意用法用量

注意：4种禁用情况：
- 因肾脏功能障碍而尿量少或有浮肿症状
- 感冒等有发热症状时
- 因长期摄取高丽参导致失眠、心悸、血压上升、头痛者
- 因高血压引起头昏、燥热症状者

适用人群：疲劳、贫血、体质虚弱、头昏晕眩、动脉粥样硬化、心肌缺血、糖尿病者

山人参

1. 香豆素：促进血液循环
2. 增进胰岛素分泌，改善糖尿病症状
3. 抑制血压上升
4. 抑制肾上腺素的作用，改善血液循环
5. 活化自然杀伤细胞、强化免疫、抗过敏、抗癌

1. 山人参粉末及片剂
2. 萃取物制品
3. 山人参根削成片状，加水煮沸约30分钟后当茶饮用，或使用粉末茶包更方便

适用人群：糖尿病、高血压、过敏反应者

田七

1 **田七素**：止血、止痛

2 **多种皂苷**：增强体力和耐力，强心，降低血中胆固醇，促进血液循环，预防高血压、心脏病，提高免疫力，抗癌

3 **有机锗**：诱发体内产生干扰素（预防癌症），有利于肝细胞再生（对因酗酒引起的肝功能低下有效）

- 粉状、颗粒状及萃取精华液等田七保健食品
- 中药成分以每天摄入2~5克为宜，分数次服用更有效果
- 泡茶

适用人群：高血压、糖尿病、高胆固醇血症、肝功能低下、疲劳者

艾草

❶ 中药：健胃、镇痛

❷ 含有维生素A（防癌）、维生素B_1、维生素B_2、维生素C，钙、磷、多糖类、酶等

❸ 桉油酚及α-侧柏酮：温热身体、健壮肠胃，可用于虚寒证、腰痛、痛经、月经不调、肌肉痛、神经痛等，有增进食欲的作用

❹ 防止细胞及血管老化

1 干叶片加冷水煮沸后饮汤，可让呼吸舒畅

2 与生姜等量泡煮后饮用，可改善大便

3 艾草根泡酒，可预防哮喘

适用人群：贫血、肠胃不适、癌症、疼痛、风湿病者

杜仲

- 杜仲茶苷类：含栀子苷酸及松脂醇二葡萄糖苷，可抑制血压上升
- 杜仲叶苷类：改善风湿病及神经痛，利尿，预防记忆力衰退、流产
- 抗氧化，促进代谢，预防衰老、人体肌肉和骨骼老化、骨质疏松等
- 杜仲茶：减肥，对高血压、高胆固醇血症及动脉粥样硬化等有效
- 杜仲茶中的蛋白质：美容护肤、防止白发

1 泡饮杜仲茶（将约3克的杜仲茶加入1000毫升的水煮沸，煮出茶色即可），一天约可饮1000毫升

2 正在服用高血压药者或患有严重肾脏病者，应避免摄入过多杜仲茶

3 杜仲浓缩饮料等保健食品

适用人群： 肩膀酸痛、肥胖、高血压者

刺五加

1 香豆素：调节血中胆固醇、降血压、平衡自主神经
2 类黄酮素：抗氧化、抗心脏冠状动脉扩张
3 紫丁香素：抗疲劳、抗兴奋
4 促进新陈代谢，消除疲劳，强壮身体，增进食欲，提升注意力，强化对压力、疾病及酒精等的耐受力和抵抗力
5 改善中枢神经系统兴奋过程，并加强其抑制过程，用于神经衰弱、失眠等
6 辅助恢复及强化男性性功能
7 调节血压、改善循环、预防癌症

1 保健食品：源于浓缩自根茎部的萃取物，制成药片、胶囊及饮料、茶类

2 起效需长期服用，遵医嘱指示服用，最佳摄取量以中药换算约为每天3克

适用人群：疲劳、血压异常、性功能低下、癌症者

板蓝根

❶ 解毒、解热

❷ 靛蓝、靛玉红、β-谷甾醇、γ-谷甾醇、多种氨基酸、板蓝根多糖等：抗菌、抗病毒，预防流行性感冒

❸ 抗炎：舒缓病毒性肝炎、扁桃腺炎、支气管炎等伴随出现的发热
对青春痘、湿疹、疱疹及带状疱疹等有效

❹ 舒缓腹胀或消化不良等

1 糖衣片或冲剂

2 切取2~6克，煮泡后当茶饮

注意：

1. 防治风热型感冒，但不一定适合风寒等其他类型感冒，感冒症状严重的发热患者应尽快到医院就诊
2. 健康状态下过多服用板蓝根，会伤及脾胃
3. 过敏者慎用

适用人群：感冒、流行性感冒、肝炎者

车前草

1 不溶性膳食纤维：
促进胃肠蠕动，增加排便量，调节肠内环境

2 有助于减肥

3 水溶性膳食纤维：
抑制血糖值急速上升，防止胰岛素大量分泌，预防2型糖尿病

4 抑制血胆固醇上升，防止高脂血症及动脉粥样硬化

服用时要多饮水，不可过量服用

同时补充铁质

适用人群：便秘、肥胖、糖尿病、高胆固醇血症者

银杏叶

- 健脑、保护脑血管
- 类黄酮：抗氧化，保护及强化毛细血管
- 银杏苦内酯：促进血液循环，抑制血小板凝固，减少血栓形成
- 抗衰老：恢复记忆力、消除肌肉疼痛
- 改善脑部功能，如记忆力差、失眠，视力、听力衰退，老年痴呆等
- 抑制氧自由基，改善过敏

1 每天约可摄取120毫克银杏叶萃取物，分3次于饭后食用

2 银杏叶茶类等食品可能含有银杏酸（过敏原），应注意；保健食品中一般已去除

注意：正在使用华法林等抗凝血药者，注意银杏叶萃取物可增强抗凝

适用人群：高血压、健忘、大脑老化、心脏病、癌症者

桑叶

1. 富含钙、铁、锌、β-胡萝卜素以及有益于眼睛的多酚类、原花色素
2. DNJ：抑制血糖上升，辅助治疗高脂血症
3. 黄酮类物质：抗氧化，防止低密度脂蛋白胆固醇发生氧化
4. 富含氨基酸

1. 桑叶萃取物代茶饮
2. 桑叶粉末或药片状保健食品
3. 餐前或餐中摄取对抑制血糖升高最有效

适用人群：糖尿病、高脂血症、动脉粥样硬化者

乌鸡

1 含有10种氨基酸、蛋白质、维生素B_2、烟酸、维生素E、磷、铁、钾、钠等；其鸡蛋富含EPA及DHA、硒、蛋白质，蛋黄含有蛋氨酸（促进肝脏功能）及卵磷脂等，可净化血液

2 促进血液循环，预防生活习惯病，有助于保护记忆力

3 其肉可滋养身体、强壮体魄、消除疲劳、恢复精力、对抗外界压力等

适用人群：疲劳、动脉粥样硬化、高血压、心肌梗死、脑梗死者

牡蛎

❶富含优质蛋白质、维生素、矿物质等营养成分

❷滋养身体、强壮体魄

❸牛磺酸：改善肝脏代谢功能。维持正常血压、预防血栓、保持心脏功能稳定，分解代谢废物及有害物质，抑制癌症发生，预防及改善肝病、高血压、低血压、脑梗死、心肌梗死、癌症等，帮助恢复体力

❹糖原：保护肝脏功能，使激素正常运作，带给人体活力

❺锌：缺乏会影响蛋白质合成，导致伤口愈合缓慢；也可能影响生殖系统的正常功能

❻牡蛎壳：富含钙质

❼作为中药，缓解盗汗、失眠及精神状态不稳定等

1 直接食用

2 含牡蛎萃取物的粉末、药片、胶囊、饮料等保健食品

3 成人每天摄取6～30克的牡蛎粉末即可补充所需牛磺酸的量

适用人群： 肝病、动脉粥样硬化、高血压、癌症、疲劳、性功能减退、虚弱体质者

鳖

❶ 富含优质的蛋白质、钙（强壮骨骼）、维生素、矿物质

❷ 亚麻酸：防止胆固醇沉积血管壁

❸ 铁、维生素B_{12}、叶酸等：提高造血功能、改善贫血

❹ 中医学认为可增加性功能

1 鳖及其制品、含鳖成分的保健食品

2 中医学认为，应辨证选用：

- 癌症患者术后身体虚弱，放疗或化疗过程中有阴虚表现时，可适当吃鳖辅助治疗
- 注意脾胃功能：如有恶心、呕吐、腹胀、腹泻、食欲极差、舌苔厚腻者，不宜吃鳖
- 根据病情灵活食用

早期，病轻、胃肠功能好者	适当多吃一些，以红烧为宜
热毒损阴严重或晚期、胃肠功能差者	以清炖为宜

3 适量摄入，必要时咨询医生

适用人群： 疲劳、贫血、性功能减退者

蜂胶

❶调理血栓、血瘀、癌症等

❷有良好的成膜性，可保护胃肠道黏膜

❸有杀菌作用，可促进伤口愈合

❹类黄酮：改善血管弹性和渗透性、舒张血管、降低血液黏稠度、改善血液循环和造血功能等

根据实际情况选择符合自身症状的蜂胶

蜂胶的服用量及效果因人而异，最好咨询医生

含蜂蜜或糖蜜等甘味成分的蜂胶不宜用在伤口上

蜂胶保健食品有液状、颗粒状、胶囊、饮用剂等

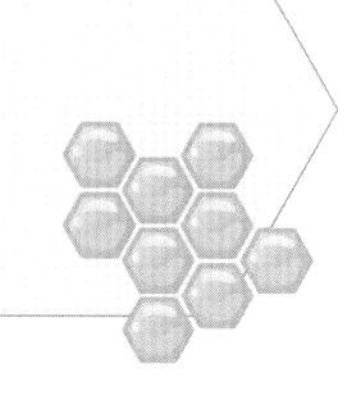

适用人群：动脉粥样硬化、便秘、胃肠道疾病、湿疹、皮炎者

蜂王浆

1 富含氨基酸：促进身体生长及维持身体功能（赖氨酸），促进肝脏功能（蛋氨酸），恢复体力（缬氨酸）等

2 含有B族维生素、乙酰胆碱（活化脑细胞及调节血压）、肌醇（预防脂肪肝及肝硬化）等营养素

3 葵烯酸：改善自主神经失调症及更年期综合征，促进脂质分泌，抑制癌细胞增生

4 腮腺素：预防肌肉、内脏、骨骼、血管等身体组织老化

1 少量摄取即可，不可一次性大量摄取

2 胶囊、粉末等制剂

3 怕热，应冷冻保存

适用人群： 更年期综合征、大脑老化、癌症、慢性前列腺炎、免疫力低下者

蜂蜜

- 保护肝脏，抑制脂肪肝形成，解酒
- 长期服用可润肠通便
- 消除疲劳，增强抵抗力
- 润肺止咳
- 抗氧化、清除氧自由基
- 外用，润肤、防干裂

❶ 与牛奶搭配食用，可起到最佳互补效果

❷ 温水冲服即可，不能用沸水冲，更不宜煎煮，以不超过60℃为宜

❸ 可与面包、牛奶、果汁等各类食物搭配食用

注意：

1. 不能盛放在金属器皿中
2. 不宜和茶水同食
3. 1岁以内婴儿不可食用，糖尿病患者最好不要食用

适用人群：便秘、脂肪肝、疲劳者

酸奶

❶不仅具有鲜牛奶的全部营养成分，且易于消化吸收
❷乳酸：调节肠道菌群，产生抗菌物质
❸为孕妇提供能量、蛋白质和钙质，也有助于缓解孕期便秘
❹为更年期妇女提供钙质
❺老年人常喝酸奶可矫正由食欲降低或进食减少引起的营养缺乏

1 建议每日摄取150～250毫升
2 适用于消化能力差、易腹泻的幼儿、乳糖不耐人群食用
3 使用抗生素、骨质疏松、动脉硬化和高血压、肿瘤患者以及老年体弱者宜常喝酸奶
4 空腹不宜喝酸奶，饭后2小时内饮用为宜
5 不可加热，夏季宜现买现喝
6 饮用后要注意口腔清洁
7 肠道术后、腹泻或其他肠道疾患者、对牛奶蛋白过敏者不宜喝酸奶，糖尿病患者宜选用无糖酸奶

适用人群：消化不良、骨质疏松症、贫血者

奶酪

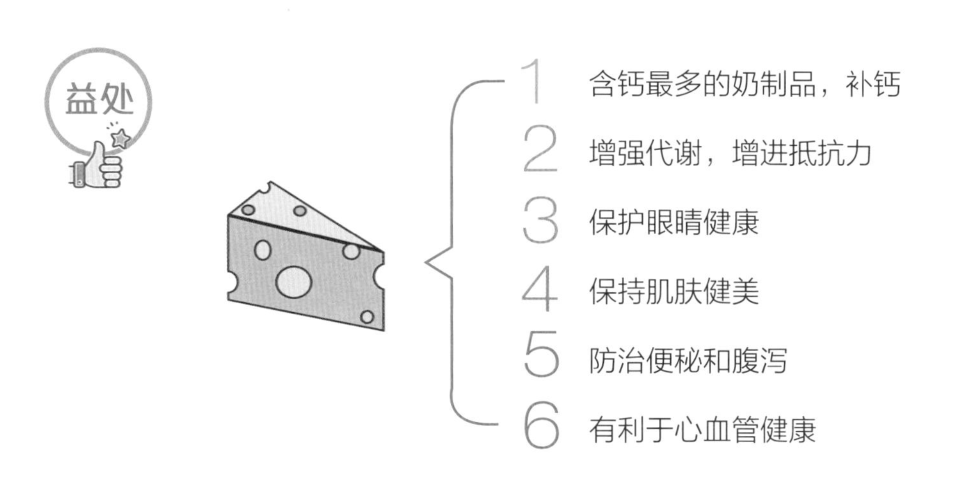

适用人群：骨质疏松症、龋齿者

纳豆菌

1 调节肠胃道，改善便秘，减轻肝脏分解有害物质的负担

2 强化肠道免疫功能，有效抑制有害细菌或病毒

3 诱导生成干扰素，有助于抑制癌症

4 溶解血栓，预防脑梗死及心肌梗死，降血压，清除氧自由基

5 富含的卵磷脂和不饱和脂肪酸，有助于改善女性生理功能、缓解更年期综合征、预防血管老化、减少脂肪堆积

6 发酵后可产生较大量维生素K_2，预防骨质疏松

1. 选用纳豆，或小麦胚芽及米糠培养出纳豆菌制作的纳豆萃取物
2. 正在使用凝血剂者，食用前应咨询医生
3. 最好不要对纳豆进行高温处理

适用人群：血栓、脑梗死、心肌梗死、高血压、癌症、便秘、骨质疏松症者

啤酒酵母

❶ 富含蛋白质、膳食纤维、维生素、矿物质、核酸等多种营养素
❷ 富含B族维生素：提供热量，促进新陈代谢，消除疲劳，减轻压力、焦虑、倦怠等
❸ 含有铬、钙、磷、铁、钾、镁等矿物质，钾可以对抗钠的升血压作用
❹ 谷胱甘肽：抗氧化，预防因细胞氧化引起的皮肤老化
❺ β-D-葡聚糖：提高免疫力
❻ 膳食纤维：调节肠道、缓解便秘

1 粉末状及片剂保健食品

2 粉末状啤酒酵母可在烹调中加入适量，也可加入酸奶中当作减肥食品（产生饱腹感）

适用人群： 高血压、疲劳、便秘、骨质疏松症、肥胖者

红曲

1 助消化、促进血液循环及强化内脏

2 有降脂的作用

3 γ-羟丁氨酸：可帮助降低血压

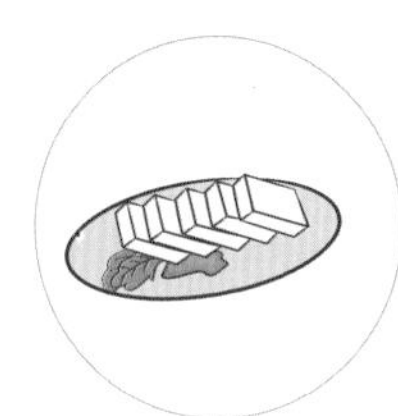

❶ 红色的酱豆腐（含盐量高，很难大量摄取）

❷ 红曲酿造的酒、醋等

❸ 红曲相关保健食品或药品

❹ 降低血脂宜在睡前服用

适用人群： 高脂血症、高血压者

其他

黑醋

❶ 杀菌，促进食欲，抑制可能破坏维生素C的酶活性

❷ 抑制血糖上升

❸ 帮助恢复正常血压

❹ 减少血中胆固醇及三酰甘油

❺ 改善过敏症状，保护烧伤、烫伤皮肤

❻ 恢复肝脏功能

❼ 消除肌肉酸痛

1. 若以保健为目的，每天可摄取10～20毫升
2. 尽量不要空腹摄取
3. 凉拌、勾芡或选用饮料、胶囊等保健食品均可
4. 直接饮用可加入蜂蜜、牛奶、果汁等

适用人群： 高胆固醇血症、高血糖、血压异常、血栓、肝功能异常、便秘、疲劳、过敏性皮炎者

苹果醋

1. 富含钾：消除疲劳，预防高血压
2. 富含醋酸、苹果酸、柠檬酸、琥珀酸等有机酸：防止乳酸堆积，促进唾液和胃液分泌，增进食欲
3. 抗氧化，令皮肤光滑细腻、发质柔顺
4. 控制和调节体重
5. 氨基酸、醋酸等：提高肝脏解毒和新陈代谢的能力，提高免疫力，预防伤风感冒、缓解咽喉疼痛不适

- 烹调或直接饮用，或选用相关保健食品均可
- 慢性头痛，可加水熏蒸
- 喉咙痛或预防感冒，可搭配蜂蜜，加水稀释，漱口或饮用
- 胃酸过多及患有十二指肠溃疡者要慎用

适用人群：慢性疲劳、高血压、心脏功能障碍、动脉粥样硬化、关节炎、过敏性体质者

红茶

多酚类：抑制破坏骨细胞物质的活力，强壮骨骼

促进食欲、帮助胃肠消化、消除水肿、利尿、强壮心脏

红茶素、儿茶素：抗氧化

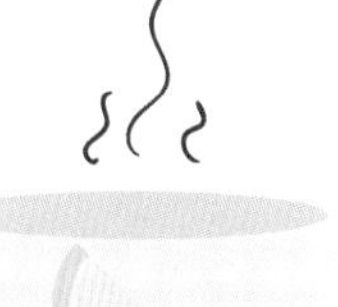

❶ 直接饮用，加柠檬可增强壮骨作用，加各种水果可起协同作用
❷ 漱口，预防流行性感冒
❸ 用红茶残渣清洗脚气、股癣患处

适用人群：动脉粥样硬化、心脏病、感冒、流行性感冒者